# はじめに

ITパスポート試験は、2009年に創設された情報処理技術者試験で、経済産業省が認定する国家試験です。職業人に必要となる情報技術に関する基礎的な知識を備えているかを測ります。

本書は、短期間で合格に必要な実力を養成することを目的にした試験対策用のテキストです。
限られた時間しかない受験者のために、計画的かつ効果的な学習方法を提案しています。また、ITパスポート試験では、用語の理解を前提とした出題が多いため、用語解説を中心とした構成にしており、試験直前の学習の総仕上げに最適な教材となっています。

2019年4月の本試験（CBT試験）からは「シラバスVer.4.0」の適用が開始となり、試験の出題傾向が大きく変わりました。新しく追加された内容（AI、IoT、ビッグデータ、アジャイル、最新セキュリティなどの分野）から幅広く、数多くの問題が出題されるようになっています。本書は、最新出題傾向を十分に分析し、試験に出題されている重要用語を記載しています。
さらに、2020年5月に改訂された「シラバスVer.4.1」（2020年10月の試験から適用開始）に対応した内容としています。

本書をご活用いただき、ITパスポート試験に合格されますことを、心よりお祈り申し

2020年7月23日
FOM出版

---

- ◆ 富士通エフ・オー・エム株式会社は、当該教材の使用によるITパスポート試験の合格を一切保証いたしません。
- ◆ 本文中のスクリーンショットは、マイクロソフトの許可を得て使用しています。
- ◆ Microsoft、Internet Explorer、Windowsは、米国Microsoft Corporationの米国およびその他の国における登録商標または商標です。
- ◆ その他、記載されている会社および製品などの名称は、各社の登録商標または商標です。
- ◆ 本文中では、TMや®は省略しています。
- ◆ 本文で題材として使用している個人名、団体名、商品名、ロゴ、連絡先、メールアドレス、場所、出来事などは、すべて架空のものです。実在するものとは一切関係ありません。

# Contents

◆ **本書をご利用いただく前に** ……………… 1

◆ **試験概要** ……………………………………… 6

◆ **試験当日までの学習の進め方** ………… 10

◆ **1日目** `企業と法務` …………………………… 16

  1  企業活動 …………………………………… 17
  2  経営管理の考え方 ………………………… 18
  3  人的資源管理（HRM）…………………… 19
  4  生産管理 …………………………………… 20
  5  在庫の発注方式 …………………………… 21
  6  業務分析手法 ……………………………… 23
  7  問題解決手法 ……………………………… 26
  8  売上と利益 ………………………………… 27
  9  財務諸表 …………………………………… 30
 10  知的財産権 ………………………………… 33
 11  ソフトウェアライセンス ………………… 35
 12  セキュリティ関連法規 …………………… 36
 13  労働関連法規 ……………………………… 39
 14  倫理規定 …………………………………… 41
 15  標準化 ……………………………………… 42

◆ **2日目** `経営戦略` `システム戦略` ………… 44

 16  経営情報の分析手法 ……………………… 45
 17  企業間の連携・提携 ……………………… 48
 18  マーケティング …………………………… 49
 19  ビジネス戦略と目標・評価 ……………… 51
 20  経営管理システム ………………………… 52
 21  技術戦略における考え方・活動 ………… 53

# 目次

| | | |
|---|---|---|
| 22 | ビジネスシステム | 56 |
| 23 | AI（人工知能） | 58 |
| 24 | 電子商取引 | 61 |
| 25 | キャッシュレス決済 | 63 |
| 26 | 広告 | 64 |
| 27 | IoT | 65 |
| 28 | 業務プロセスのモデリング手法 | 67 |
| 29 | 業務プロセスの分析・改善 | 69 |
| 30 | コミュニケーションのツール・形式 | 70 |
| 31 | ソリューションの形態 | 72 |
| 32 | IT化の推進 | 74 |
| 33 | 蓄積されたデータの活用 | 75 |
| 34 | 調達における依頼内容 | 77 |

## ◆ 3日目　開発技術　プロジェクトマネジメント　サービスマネジメント　基礎理論　**78**

| | | |
|---|---|---|
| 35 | システム開発の手順 | 79 |
| 36 | 要件定義とシステム設計 | 80 |
| 37 | テスト | 83 |
| 38 | ソフトウェア保守とソフトウェア見積方法 | 85 |
| 39 | ソフトウェア開発モデル | 86 |
| 40 | 既存ソフトウェア解析と共通フレーム | 89 |
| 41 | プロジェクトマネジメント | 90 |
| 42 | プロジェクトスコープマネジメント | 92 |
| 43 | プロジェクトタイムマネジメント | 93 |
| 44 | サービスマネジメント | 95 |
| 45 | サービスマネジメントシステム | 96 |
| 46 | ファシリティマネジメント | 98 |
| 47 | システム監査 | 99 |
| 48 | 内部統制 | 100 |

# Contents

| 49 | 2進数と10進数 | 101 |
| 50 | 集合 | 104 |
| 51 | 組合せ | 105 |
| 52 | 情報量の単位 | 106 |
| 53 | リストへのデータの挿入・取出し | 107 |
| 54 | マークアップ言語 | 108 |

## ◆ 4日目 コンピュータシステム 技術要素(セキュリティを除く) ...... 110

| 55 | CPU | 111 |
| 56 | メモリ | 112 |
| 57 | 記録媒体 | 114 |
| 58 | IoTデバイス | 116 |
| 59 | ワイヤレスインタフェース | 117 |
| 60 | システムの利用形態 | 118 |
| 61 | システムの性能 | 119 |
| 62 | システムの信頼性 | 120 |
| 63 | 高信頼性の設計 | 122 |
| 64 | RAID | 123 |
| 65 | ディレクトリ管理 | 124 |
| 66 | バックアップの種類 | 126 |
| 67 | OSS(オープンソースソフトウェア) | 127 |
| 68 | 携帯情報端末 | 128 |
| 69 | インタフェースのデザイン | 129 |
| 70 | マルチメディア技術 | 130 |
| 71 | データベースの設計 | 131 |
| 72 | テーブルのデータ操作 | 133 |
| 73 | データベース管理システム(DBMS) | 135 |
| 74 | 無線LAN | 137 |
| 75 | IoTネットワーク | 140 |
| 76 | IPアドレス | 142 |

目次

| 77 | インターネット上のアクセスの仕組み | 143 |
| 78 | 電子メール | 144 |
| 79 | 伝送時間の計算 | 147 |

## ◆ 5日目 技術要素（セキュリティ） ......... **148**

| 80 | 脅威と脆弱性 | 149 |
| 81 | 人的脅威と物理的脅威 | 150 |
| 82 | 技術的脅威 | 151 |
| 83 | 不正のメカニズム | 158 |
| 84 | リスクマネジメント | 159 |
| 85 | 情報セキュリティの要素 | 161 |
| 86 | 情報セキュリティ管理 | 162 |
| 87 | 情報セキュリティ組織・機関 | 163 |
| 88 | 人的セキュリティ対策 | 164 |
| 89 | 技術的セキュリティ対策 | 165 |
| 90 | 物理的セキュリティ対策 | 171 |
| 91 | 利用者認証の技術 | 172 |
| 92 | 生体情報による認証 | 173 |
| 93 | 暗号技術の方式 | 174 |
| 94 | 認証技術の仕組み | 178 |

## ◆ 6・7日目 ......... **180**

## ◆ Let's Try 解答 ......... **184**

## ◆ 索引 ......... **188**

iv

本書をご利用いただく前に

# 1 本書の見方について

## ❶重要度
出題頻度を分析し、重要度を3段階で区別しています。

## ❷学習目標
この学習項目における学習目標です。
目標を達成できたらチェックを付けます。

## ❸本文
新しい出題傾向を十分に分析し、試験に出題されている重要用語を掲載しています。

### ❹ More
本文に関連する重要用語を記載しています。

### ❺ Let's Try
学習した内容を確認するための問題です。
解答はP.184「Let's Try 解答」に収録しています。

### ❻ 赤字
覚えておきたい重要な用語は、赤字になっています。添付の赤いカラーフィルムをかぶせると、非表示になるので、暗記にお役立てください。

## 本書をご利用いただく前に

## 2 理解度チェックについて

学習内容の理解度をチェックするためのツールとして、次のものをご用意しています。

※各ツールの使い方については、P.180「6・7日目」を参照してください。

### ●索引

P.188「索引」で、各用語を理解しているかどうかをチェックできます。

---

Index

**【記号】**
- μ（マイクロ） ……………… 106

**【数字】**
- 10進数 …………………… 101
- 16進数 …………………… 101
- 1次キャッシュメモリ ……… 113
- 2.4GHz帯 ………………… 138
- 2.4GHz帯と5GHz帯の違い
  …………………………… 138
- 2次キャッシュメモリ ……… 113
- 2進数 ……………………… 101
- 2進数の加算 ……………… 103
- 2進数の基数変換 ………… 102
- 2進数の計算 ……………… 103
- 2進数の減算 ……………… 103
- 2要素認証 ………………… 172
- 32ビットCPU ……………… 111
- 3C分析 ……………………… 47
- 4K …………………………… 130
- 4V …………………………… 75
- 5G …………………………… 141
- 5GHz帯 …………………… 138
- 64ビットCPU ……………… 111
- 8K …………………………… 130
- 8進数 ……………………… 101

**【A】**
- ABC分析 …………………… 23
- Act …………………………… 18
- AI …………………………… 58
- AI（チャットボット） ………… 97
- AIの活用例 ………………… 60
- AND ………………………… 104
- Android …………………… 127
- ANY接続拒否 ……………… 168
- Apache HTTP Server …… 127
- Apache OpenOffice ……… 127
- APIエコノミー ……………… 55
- API経済圏 ………………… 55
- AR …………………………… 130
- ASP ………………………… 73
- ASPサービス ……………… 73

**【B】**
- BCC ………………………… 146
- BCM ………………………… 18
- BCP ………………………… 18
- BD-R ……………………… 114
- BD-RE ……………………… 114
- BD-ROM …………………… 114
- Bluetooth ………………… 117
- Blu-ray Disc ……………… 114
- BOT ………………………… 152
- BPM ………………………… 69
- BPMN ……………………… 68
- BPR ………………………… 69
- B/S ………………………… 30
- BSC ………………………… 51
- BtoB ………………………… 61
- BtoC ………………………… 61
- BtoE ………………………… 61
- BYOD ……………………… 71

**【C】**
- CA …………………………… 175
- CAD ………………………… 57
- CAM ………………………… 57
- CC …………………………… 146
- CD …………………………… 114
- CD-R ……………………… 114
- CD-ROM …………………… 114
- CD-RW ……………………… 114
- Check ……………………… 18
- CMMI ……………………… 89
- Communication ………… 49
- Convenience …………… 49
- Cost ………………………… 49
- CPU ………………………… 111
- CRM ………………………… 52
- CSIRT ……………………… 163
- CSR ………………………… 17
- CSS ………………………… 109
- CtoC ………………………… 61
- Customer Value ………… 49

189

## ●試験直前チェックシート

試験直前チェックシートで、学習目標を確認し、各用語を理解しているかどうかをチェックできます。

FOM出版のホームページからダウンロードし、各自印刷してご利用ください。

※ダウンロード方法については、P.183「●ダウンロード方法」を参照してください。

---

ITパスポート試験　直前対策　1週間完全プログラム　シラバスVer.4.1対応（型番：FPT2004）

### 試験直前チェックシート

理解できている項目には、☑を入れましょう。

| 学習項目 | 理解度チェック |
|---|---|
| 1 企業活動 | □企業活動に関連する用語を覚えている。<br>□経営理念（企業理念）　　□CSR　　□経営目標<br>□ステークホルダ |
| 2 経営管理の考え方 | □経営管理を行うための基本的な考え方であるPDCAを理解している。<br>□経営管理　　□PDCA（Plan→Do→Check→Act）<br>□BCP（事業継続計画）　　□BCM（事業継続管理） |
| 3 人材資源管理（HRM） | □人的資源を管理する制度や考え方を理解している。<br>□人材資源管理（HRM）　　□OJT（職場内訓練）<br>□Off-JT（職場外訓練）　　□ダイバーシティ<br>□タレントマネジメント　　□HRテック（HRTech） |
| 4 生産管理 | □生産管理にはどのような方法があるかを理解している。<br>□JIT（ジャストインタイム、かんばん方式）　□リーン生産方式<br>□FMS（フレキシブル生産システム）　□MRP（資材所要量計画） |
| 5 在庫の発注方式 | □適量の在庫を維持するために、どのような発注方式があるかを理解している。<br>□在庫　　□定量発注方式　　□発注点　　□納入リードタイム<br>□定期発注方式 |
| 6 業務分析手法 | □表やグラフを使ってデータを図式化する業務分析手法には、どのようなものがあるかを理解している。<br>□パレート図　　□ABC分析　　□ガントチャート　　□散布図<br>□正の相関　　□負の相関　　□無相関　　□レーダチャート<br>□管理図　　□ヒストグラム　　□特性要因図（フィッシュボーンチャート） |
| 7 問題解決手法 | □問題を解決するための代表的な手法を理解している。<br>□ブレーンストーミング　　□批判禁止　　□質より量<br>□自由奔放　　□結合・便乗　　□親和図法 |
| 8 売上と利益 | □売上と利益を理解し、利益率や損益分岐点売上高を計算できる。<br>□売上（売上高）　　□費用　　□原価　　□売上原価<br>□変動費　　□固定費　　□販売費及び一般管理費（営業費）<br>□利益　　□売上総利益（粗利益、粗利）　　□営業利益<br>□経常利益　　□営業外収益　　□営業外費用<br>□利益率　　□売上総利益率　　□営業総利益率　　□経常総利益率<br>□損益分岐点売上高 |
| 9 財務諸表 | □財務諸表の種類と役割の違いを理解し、表を読み取れる。<br>□貸借対照表（B/S）　　□資産　　□負債<br>□純資産　　□自己資本　　□総資本<br>□損益計算書（P/L）　　□キャッシュフロー計算書<br>□流動比率 |
| 10 知的財産権 | □知的財産権にはどのような種類があるか、法律によって何が保護され、どのような行為が違法に当たるのかを理解している。<br>□知的財産権　　□肖像権　　□パブリシティ権　　□著作権<br>□産業財産権　　□特許権　　□実用新案権　　□意匠権<br>□商標権　　□不正競争防止法　　□営業秘密の3要素 |

—1—

©2020 FUJITSU FOM LIMITED

本書をご利用いただく前に

## 3 本書の最新情報について

本書に関する最新のQ&A情報や訂正情報、重要なお知らせなどについては、FOM出版のホームページでご確認ください。

**ホームページ・アドレス**

| https://www.fom.fujitsu.com/goods/ |

**ホームページ検索用キーワード**

| FOM出版 |

# 試験概要

ITパスポート試験がどのような試験で
あるかを説明し、実施要項・試験手続・
出題範囲などを記載しています。

試験概要

 ## 1 ITパスポート試験とは

ITパスポート試験は、2009年に創設された情報処理技術者試験で、経済産業省が認定する国家試験です。職業人に必要となる情報技術に関する基礎的な知識を備えているかを測ります。
情報処理推進機構（IPA）が実施する情報処理の基礎知識を問う国家試験として、現在では広く浸透しています。これから職業人になろうとする学生や入社して間もない若年層の社員を中心に、幅広い年齢層の人たちが、自らのITリテラシーを証明するためにこの試験の合格を目指しています。
2009年にスタートした当初のITパスポート試験は、ペーパー方式の試験でしたが、2011年11月にCBT試験（パソコンを用いて行う試験）に変更されました。CBT試験は、随時実施されているため、受験チャンスが多く、受験者主体で学習プランを設計することができます。

 ## 2 実施要項

| 試験時間 | 120分 |
|---|---|
| 出題形式 | 多肢選択式（四肢択一） |
| 出題数 | 100問（小問形式）<br>出題数100問のうち、総合評価は92問で行い、残りの8問は今後出題する問題を評価するために使われる。 |
| 分野別評価の問題数 | ストラテジ系32問、マネジメント系18問、テクノロジ系42問 |
| 試験方式 | CBT方式 |
| 受験資格 | 制限なし |
| 配点 | 1,000点満点 |
| 採点方法 | IRT（Item Response Theory：項目応答理論）に基づいて解答結果から評価点を算出 |

| 合格基準 | 総合評価点 600点以上／1,000点（総合評価の満点）<br>《分野別評価点》<br>・ストラテジ系<br>　300点以上／1,000点満点（分野別評価の満点）<br>・マネジメント系<br>　300点以上／1,000点満点（分野別評価の満点）<br>・テクノロジ系<br>　300点以上／1,000点満点（分野別評価の満点） |
|---|---|

※CBT（Computer Based Testing）とは、コンピュータを使用して試験問題に解答する試験実施方式です。
※身体の不自由等によりCBT方式で受験できない場合は、春期（4月）と秋期（10月）の年2回、筆記による方式での受験が可能です。

## 3 試験手続

| 試験予定日 | 随時 |
|---|---|
| 受験料 | 5,700円（税込み） |
| 試験結果 | 試験終了後、速やかに確認することが可能 |

## 4 出題範囲

| 分野 | | 大分類 | | 中分類 |
|---|---|---|---|---|
| ストラテジ系 | 1 | 企業と法務 | 1 | 企業活動 |
| | | | 2 | 法務 |
| | 2 | 経営戦略 | 3 | 経営戦略マネジメント |
| | | | 4 | 技術戦略マネジメント |
| | | | 5 | ビジネスインダストリ |
| | 3 | システム戦略 | 6 | システム戦略 |
| | | | 7 | システム企画 |
| マネジメント系 | 4 | 開発技術 | 8 | システム開発技術 |
| | | | 9 | ソフトウェア開発管理技術 |
| | 5 | プロジェクトマネジメント | 10 | プロジェクトマネジメント |
| | 6 | サービスマネジメント | 11 | サービスマネジメント |
| | | | 12 | システム監査 |

試験概要

| 分野 | 大分類 | | 中分類 | |
|---|---|---|---|---|
| テクノロジ系 | 7 | 基礎理論 | 13 | 基礎理論 |
| | | | 14 | アルゴリズムとプログラミング |
| | 8 | コンピュータシステム | 15 | コンピュータ構成要素 |
| | | | 16 | システム構成要素 |
| | | | 17 | ソフトウェア |
| | | | 18 | ハードウェア |
| | 9 | 技術要素 | 19 | ヒューマンインタフェース |
| | | | 20 | マルチメディア |
| | | | 21 | データベース |
| | | | 22 | ネットワーク |
| | | | 23 | セキュリティ |

## 5 シラバス（知識・技能の細目）

出題範囲を詳細化し、求められる知識の幅と深さを体系的に整理・明確化した「シラバス」（知識・技能の細目）が試験主催元である情報処理推進機構（IPA）から公開されています。学習の目標とその具体的な内容（用語例や活用例など）が記載されており、試験主催元のホームページから入手することができます。
シラバスは、試験主催元から必要に応じて改訂されます。2020年6月時点で公開されている最新のシラバスは、Ver.4.1（2020年5月8日改訂）で、2020年10月の試験から適用されます（9月の試験までは改訂前のVer.4.0が適用されます）。

## 6 試験情報の提供

### ●試験主催元

```
独立行政法人　情報処理推進機構（IPA）
IT人材育成センター　国家資格・試験部
〒113-8663　東京都文京区本駒込2-28-8
　　　　　　　文京グリーンコートセンターオフィス15階
ホームページ　https://www.jitec.ipa.go.jp/
```

# 試験当日までの
# 学習の進め方

試験まで1週間の場合と、試験まで2か月
程度の場合に分けて、学習の進め方を
説明しています。また、用語の覚え方の
アドバイスも記載しています。

試験当日までの学習の進め方

## 1 学習の進め方

試験までの準備期間によって、次の2通りの学習方法を紹介しています。

●試験まで1週間の場合

●試験まで2か月程度の場合

※これらの学習方法は、FOM出版が独自に考えたものです。
個人の前提知識や経験によって最適な学習方法は異なります。自分なりにアレンジを加えて計画的に学習を進めてください。

## 2 試験まで1週間の場合

●試験7日前

「企業と法務」の集中学習！

本書の1日目の内容を集中的に学習しましょう。一通り学習したら、時間が許す限り、何度も繰り返し読んでください。
学習項目数は15個です。最初が肝心。ノルマは必ず達成しましょう！

●試験6日前

「経営戦略」「システム戦略」の集中学習！

本書の2日目の内容を集中的に学習しましょう。
学習項目数は19個です。

●試験5日前

「開発技術」「プロジェクトマネジメント」「サービスマネジメント」「基礎理論」の集中学習！

本書の3日目の内容を集中的に学習しましょう。
学習項目数は20個です。

● 試験4日前

「コンピュータシステム」「技術要素(セキュリティを除く)」の集中学習!

本書の4日目の内容を集中的に学習しましょう。
学習項目数は25個です。ボリュームが多いですが、あとひと踏ん張り。持続力をキープしてがんばりましょう。

● 試験3日前

「技術要素(セキュリティ)」の集中学習!

本書の5日目の内容を集中的に学習しましょう。
学習項目数は15個です。これで一通りの試験範囲に目を通したことになります。

● 試験2日前～前日

試験直前チェックシートで最終確認!

FOM出版のホームページから「試験直前チェックシート」をダウンロードして、理解度を確認しましょう。十分に理解できていない分野、覚えていない用語については、しっかり復習しましょう。

● 試験当日

いざ本番 焦らず全力投球!

学習期間が短いため、不安もあるかもしれませんが、わかるところから確実に解いていきましょう。焦りは禁物、落ち着いて全力投球しましょう。

試験当日までの学習の進め方

## 3 試験まで2か月程度の場合

●試験2か月前

**求められるIT知識の全体像を知ろう！**

「よくわかるマスター ITパスポート試験 対策テキスト&過去問題集」を使って、試験で求められる知識にはどのようなものがあるかを幅広く学習します。出題範囲であるシラバスに沿った目次構成で、シラバスに記載されている用語がすべて解説されているので、必要な知識をもれなく学習することができます。
また、各章末には予想問題が多数用意されているので、理解度の確認や実力試しに利用します。

●試験1か月前

**過去問題プログラムで実戦力を養成！**

「よくわかるマスター ITパスポート試験 対策テキスト&過去問題集」の学習が一通り終了したら、収録されている過去問題プログラムを使ってみましょう。ITパスポート試験の過去問題とそれに対応する詳細な解説が収録されています。本番さながらの試験を体験でき、試験システムに慣れることができます。試験結果から実力を把握して、間違えた問題だけを解くなど充実した弱点強化機能を使って学習します。
過去問題を繰り返し解くことで、実戦力を養いましょう。

●試験10日前

**試験直前チェックシートで弱点把握！**

FOM出版のホームページから「試験直前チェックシート」をダウンロードして、理解度を確認しましょう。十分に理解できていない分野はどこか、覚えていない用語は何かを把握しましょう。

● 試験1週間前

用語を確実に覚えてラストスパート！

試験まであと少し、ラストスパートです。
本書を使って総合的に復習しましょう。苦手な分野を克服しながら、用語の意味を確実に覚えていきます。

● 試験当日

実力100%発揮をめざしていざ本番！

本試験では、これまでの学習の成果を信じて、落ち着いて臨みましょう。

試験当日までの学習の進め方

# 4 用語の覚え方のアドバイス

### ●少しずつ覚える

本書は、携帯に便利なポケットサイズになっています。また、暗記に役立つカラーフィルムを添付しています。試験勉強期間は常に携帯し、通勤・通学時間や休憩時間などを利用して、少しずつ用語を覚えることをおすすめします。

### ●正確に覚える

出題される用語には、「BPR」や「BPM」、「営業利益」や「経常利益」、「フェールソフト」や「フェールセーフ」など、似ているけれど意味が異なるものがあります。勘違いによる取りこぼしがないように、これらの用語をしっかり区別し、正確に覚える必要があります。

### ●本質的な意味を覚える

十分に学習時間があっても、たくさんの用語の意味を完璧に覚えるのはなかなか難しいものです。用語の本質的な意味をしっかり理解するようにしてください。

### ●Let's Tryを活用する

学習した内容を確認するための問題「Let's Try」を用意していますので、用語を覚えるために活用してください。試験でよく問われる問題を簡易な形態にしており、重要用語の暗記に役立てることができます。

# 1日目

ストラテジ系の「企業と法務」を集中的に学習します。

## 企業と法務
- 企業活動
- 法務

| ストラテジ系 | マネジメント系 | テクノロジ系 |

## 1 企業活動

重要度 ★★☆

企業活動に関連する用語を覚えましょう。

### ●経営理念
企業が何のために存在するのか、企業が活動する際に指針となる基本的な考え方のこと。企業の存在意義や価値観などを示したものであり、「**企業理念**」ともいう。基本的に変化することのない普遍的な理想といえる。

### ●CSR
企業が社会に対して果たすべき責任のこと。
「Corporate Social Responsibility」の略。
企業は、利益を追求するだけでなく、すべての利害関係者の視点でビジネスを創造していく必要がある。

> **More**
>
> **経営目標**
> 経営理念を具現化するために定める中長期的な目標のこと。
>
> **ステークホルダ**
> 企業の経営活動に関わる利害関係者のこと。株主や投資家だけでなく、従業員や取引先、消費者なども含まれる。

---

**Let's Try【1】**
企業の経営理念を策定する意義として、適切なものはどれか。

ア 企業が目指す将来像を具体的に示すことができる。
イ 企業の存在理由や価値観を明確にすることができる。
ウ 企業の経営目標を実現するための詳細手順を明確にすることができる。
エ 企業の経営目標を実現するための行動計画を示すことができる。

企業と法務（企業活動）

## 2 経営管理の考え方

重要度 ★★★

経営管理を行うための基本的な考え方であるPDCAを理解しましょう。

### ●経営管理
企業の目標達成に向けて、経営資源（ヒト・モノ・カネ・情報）を調整・統合する活動のこと。企業が持ちえる経営資源を最大限に活用し、効果を導き出すために経営目標を定め、「PDCA」というサイクルによって管理する。

### ●PDCA
計画（Plan）→実行（Do）→評価（Check）→改善（Act）の4つのステップをサイクルにし、品質や作業を継続的に向上させるもの。

**Plan**
目標を設定して実現のために計画

**Do**
Planにしたがって実行

**Check**
Doの結果を評価

**Act**
Checkの結果を改善

> **More**
>
> **BCP**
> 何らかのリスクが発生した場合でも、企業が安定して事業を継続するために、事前に策定しておく計画のこと。「事業継続計画」ともいう。「Business Continuity Plan」の略。
>
> **BCM**
> 企業が安定して事業継続するための経営管理手法のこと。「事業継続管理」ともいう。「Business Continuity Management」の略。

ストラテジ系 | マネジメント系 | テクノロジ系

## 3 人的資源管理（HRM）

重要度 ★★☆

> 人的資源を管理する制度や考え方を理解しましょう。

### ●人的資源管理

経営資源であるヒトを管理すること。企業の様々な活動を実現するには、社員の業務遂行能力が欠かせない。次のような制度や考え方などを導入して実施する。「HRM（Human Resource Management）」ともいう。

| 名称 | 説明 |
| --- | --- |
| OJT | 職場内で実際の仕事を通じて、上司や先輩の指導のもとに、知識や技能・技術を習得する制度のこと。「職場内訓練」、「オンザジョブトレーニング」ともいう。「On the Job Training」の略。 |
| Off-JT | 職場外の研修所や教育機関で、一定期間、集中的に知識や技能・技術を習得する制度のこと。「職場外訓練」、「オフザジョブトレーニング」ともいう。研修の方法として、e-ラーニングやケーススタディなどがある。「Off the Job Training」の略。 |
| ダイバーシティ | 国籍、性別、年齢、学歴、価値観などの違いにとらわれず、様々な人材を積極的に活用することで生産性を高めようという考え方のこと。 |
| タレントマネジメント | 従業員を人的資源としてとらえ、個々の持つスキルや経験、資質などの情報を一元管理することにより、戦略的な人事配置や人材育成を行うこと。 |

### More

#### HRテック
人的資源に科学技術を適用して、人事業務の改善や効率化を図ること。「HRTech」ともいう。「HR（Human Resource：人的資源）」と「Technology（テクノロジ：科学技術）」を組み合わせた造語である。例えば、人材評価や人材育成にAIを活用したり、労務管理にIoTを活用したりして、人事業務の改善や効率化を図る。

企業と法務（企業活動）

# 4 生産管理

重要度 ★★★

☑ 生産管理にはどのような方法があるかを理解しましょう。

## ●生産管理

経営戦略に従って生産に関する計画や、統制を行う活動のこと。生産管理の手法には、次のようなものがある。

| 名称 | 説明 |
|------|------|
| JIT | 必要なものを必要なときに必要な分だけ生産する方式のこと。「ジャストインタイム」、「かんばん方式」ともいう。後工程（部品を使用する側）の生産状況に合わせて、必要な部品を前工程（部品を作成・供給する側）から調達することで、中間在庫量を最小限に抑えることができる。<br>「Just In Time」の略。<br>米国マサチューセッツ工科大学でこの手法を調査研究し、体系化・一般化したものとして「リーン生産方式」がある。 |
| FMS | 消費者のニーズの変化に対応するために、生産ラインに柔軟性を持たせ、多種類の製品を生産する方式のこと。「フレキシブル生産システム」ともいう。多品種少量生産に適している。<br>「Flexible Manufacturing System」の略。 |
| MRP | 生産計画に基づいて、新たに調達すべき部品の数量（正味所要量）を算出して生産する方式のこと。「資材所要量計画」ともいう。生産計画に基づいて、必要となる部品の数量（総所要量）を算出し、現時点における部品の在庫数量（引当可能在庫量）を引くことで、正味所要量を求める。<br>「Material Requirements Planning」の略。 |

### Let's Try【2】
後工程で必要となる部品をタイミングよく調達する方法として、適切なものはどれか。

ア BTO　　　イ MRP　　　ウ FMS　　　エ JIT

20

## 5 在庫の発注方式

> 適量の在庫を維持するために、どのような発注方式があるかを理解しましょう。

### ●在庫
倉庫に保管している部品や商品のこと。在庫は、多すぎても少なすぎても、需要と供給のバランスが崩れるため、常に適量の在庫を保つ必要がある。

### ●定量発注方式
発注する量を定め、その都度、発注する時期を検討する方式のこと。発注点により、発注する時期を決定する。

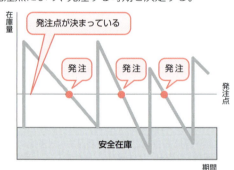

**発注点**
発注するタイミングとなる在庫量のこと。在庫量が発注点まで下がってきたら発注を行う。

**納入リードタイム**
商品を発注してから商品が納入されるまでの期間のこと。

企業と法務（企業活動）

発注点は、次の計算式で求めることができる。

**発注点＝1日当たりの平均使用量×納入リードタイム＋安全在庫**

例：次の条件のとき、発注点は20個となる。

　　1日当たりの平均使用量：5個
　　納入リードタイム　　　：3日　　　発注点＝5個×3日＋5個
　　安全在庫　　　　　　　：5個　　　　　　　＝20個

● **定期発注方式**

発注する時期（間隔）を定め、その都度、発注量を検討する方式のこと。その際、発注量を決定するための需要予測の正確さが必要となる。

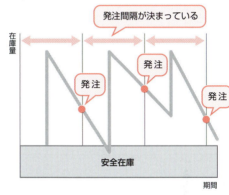

発注量は、次の計算式で求めることができる。

**発注量＝（発注サイクル＋納入リードタイム）×平均使用予定量＋安全在庫－現在の在庫量－現在の発注残**

例：次の条件のとき、発注量は65個となる。

　　発注サイクル　　：7日
　　納入リードタイム：3日
　　1日当たりの　　　　　　　　　　発注量＝（7日＋3日）×20個
　　　平均使用予定量：20個　　　　　　　　　（1日当たり）＋15個
　　安全在庫　　　　：15個　　　　　　　　　－150個－0個
　　現在の在庫量　　：150個　　　　　　　　＝65個
　　現在の発注残　　：0個

ストラテジ系　マネジメント系　テクノロジ系

# 6 業務分析手法

重要度 ★★★

> 表やグラフを使ってデータを図式化する業務分析手法には、どのようなものがあるかを理解しましょう。

## ●代表的な業務分析手法

代表的な業務分析手法には、次のようなものがある。

| 図式名 | 説明 |
|---|---|
| パレート図 | 項目別に集計したデータを数値の大きい順に並べた棒グラフと、その累積値の割合を折れ線グラフで表した図のこと。<br>この「パレート図」を使った「ABC分析」で、要素・項目を重要な(大きい)順に並べて、項目の重要度や優先度を明らかにできる。一般的に、上位70%を占めるグループをA群、70〜90%のグループをB群、残りのグループをC群として管理して、A群を最重要項目とする。<br>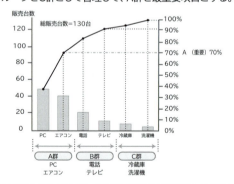 |
| ガントチャート | 作業の予定や実績を横棒で表した図のこと。<br>横方向に時間、日、週、月などの時間目盛りを取り、縦方向に作業項目やプロジェクトを記入し進捗状況を管理する。 |

企業と法務（企業活動）

| 図式名 | 説明 |
|---|---|
| 散布図 | 2つの属性値を縦軸と横軸にとって、2種類のデータ間の相関関係（ある属性値が増加するともう一方の属性値が減少するような関係）を表した図のこと。<br><br>正の相関　負の相関　無相関<br>清涼飲料水の売上／気温　ホット飲料の売上／気温　雑誌の売上／気温 |
| レーダチャート | 中心点からの距離で、複数項目の比較やバランスを表現するグラフのこと。複数の点を蜘蛛の巣のようにプロットする。<br><br>英語　数学　国語　日本史　生物　小論文　100　80　60　40　20 |
| 管理図 | 工程の状態を折れ線グラフで表した図のこと。<br>測定したデータをプロットしていき、限界の外側に出た場合や、分布が中心線の片側に偏る場合などを工程異常として検出する。<br><br>限界の外なので異常<br>上方管理限界　上限<br>中心線　データの中心値<br>下方管理限界　下限<br>中心線の片側に偏るので異常 |
| ヒストグラム | 集計したデータの範囲をいくつかの区間に分け、区間に入るデータの数を棒グラフで表した図のこと。<br>データの全体像、中心の位置、ばらつきの大きさなどを確認できる。<br><br>スマートフォンの保有者数（○×町）<br>人数　50　40　30　20　10<br>年齢層　10未満　10〜20　21〜30　31〜40　41〜50　51以上 |

1日目
2日目
3日目
4日目
5日目
6・7日目

# ストラテジ系 | マネジメント系 | テクノロジ系

| 図式名 | 説明 |
|---|---|
| **特性要因図** | 業務上問題となっている特性（結果）と、それに関係するとみられる要因（原因）を魚の骨のように表した図のこと。「フィッシュボーンチャート」ともいう。多数の要因を系統立てて整理するのに適している。 |

## Let's Try【3】

ABC分析において、商品ごとに総売上高の高い順に3つのグループに分類した。最も重要な項目として管理するものはどれか。

ア 上位50%を占めるグループ
イ 上位60%を占めるグループ
ウ 上位70%を占めるグループ
エ 上位80%を占めるグループ

## Let's Try【4】

レーダチャートの説明として、適切なものはどれか。

ア 上位70%を占めるグループを最重要項目とする図
イ データ間の相関関係が把握できる図
ウ 複数の点を蜘蛛の巣のようにプロットしたグラフ
エ 特性（結果）と要因（原因）を魚の骨のように表した図

## Let's Try【5】

上限と下限を設定し、工程の異常を把握することができる図はどれか。

ア パレート図　　イ 散布図　　ウ 管理図　　エ 特性要因図

企業と法務（企業活動）

# 7 問題解決手法

重要度 ★★★

☑ 問題を解決するための代表的な手法を理解しましょう。

## ●ブレーンストーミング

ルールに従ってグループで意見を出し合うことによって、新たなアイディアを生み出し、問題解決策を導き出す手法のこと。ルールには、次のようなものがある。

| ルール | 説明 |
| --- | --- |
| 批判禁止 | 人の意見に対して、批判したり批評したりしない。批判したり批評したりして、発言が抑止されてしまうことを防ぐ。 |
| 質より量 | 短時間にできるだけ多くの意見が出るようにする。意見の量は多いほど質のよい解決策が見つかる可能性がある。 |
| 自由奔放 | 既成概念や固定概念にとらわれず、自由に発言できるようにする。多少テーマから脱線しても、その中に突拍子もないアイディアが隠れていることがある。 |
| 結合・便乗 | アイディアとアイディアを結合したり、他人のアイディアを利用して改善したりする。新たなアイディアが創出されることが期待できる。 |

## ●親和図法

データを相互の親和性によってまとめ、グループごとに表札を付けて整理、分析する手法のこと。漠然とした問題を整理し、問題点を明確にすることができる。

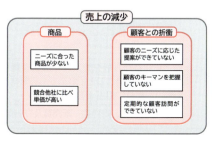

| ストラテジ系 | マネジメント系 | テクノロジ系 |

## 8 売上と利益

重要度 ★★★

売上と利益を理解し、利益率や損益分岐点売上高を計算できるようになりましょう。

### ●売上
企業が経営活動を行って得た代金の総額のこと。「売上高」ともいう。

### ●費用
企業が経営活動を行うにあたって支払う金銭のこと。次のようなものがある。

| 種類 | 説明 |
| --- | --- |
| 原価 | 商品の製造や仕入にかかった費用のこと。販売した商品の原価のことを「売上原価」という。 |
| 変動費 | 販売費用や商品発送費用などのように、売上高に応じて必要となる費用のこと。 |
| 固定費 | 設備費や人件費などのように、売上高に関係なく必要となる費用のこと。 |
| 販売費及び一般管理費 | 販売業務や一般管理業務など、商品の販売や管理にかかった費用のこと。「営業費」ともいう。 |

### ●利益
売上から費用を引いたもの。次のようなものがある。

| 種類 | 説明 |
| --- | --- |
| 売上総利益 | 売上高から売上原価を差し引いて得られた利益のこと。「粗利益」「粗利」ともいう。商品によって稼いだ利益に相当する。<br>売上総利益＝売上高－売上原価 |
| 営業利益 | 売上総利益から販売費及び一般管理費を差し引いて得られた利益のこと。本業である営業活動によって稼いだ利益に相当する。<br>営業利益＝売上総利益－販売費及び一般管理費 |

# 企業と法務（企業活動）

| 種類 | 説明 |
|---|---|
| 経常利益 | 営業利益に営業外収益を加え、営業外費用を差し引いて得られた利益のこと。企業の総合的な利益に相当する。 |
| | 経常利益＝営業利益＋営業外収益－営業外費用 |

> **More**
>
> **営業外収益**
> 受け取り利子や配当など、企業が営業する以外の方法で得た収入のこと。
>
> **営業外費用**
> 支払い利息など、企業が営業する以外で使用した費用のこと。

### Let's Try【6】

経常利益の計算式として、適切なものはどれか。

- ア 売上高－売上原価
- イ 売上高－売上原価－販売費及び一般管理費
- ウ 売上高－売上原価－販売費及び一般管理費＋営業外収益－営業外費用
- エ 売上総利益－販売費及び一般管理費

## ●利益率

売上高に対する利益の割合を表したもの。次のようなものがある。

| 種類 | 説明 |
|---|---|
| 売上総利益率 | 売上高に対する売上総利益の割合のこと。 |
| | 売上総利益率（％）＝売上総利益÷売上高×100 |
| 営業利益率 | 売上高に対する営業利益の割合のこと。 |
| | 営業利益率（％）＝営業利益÷売上高×100 |
| 経常利益率 | 売上高に対する経常利益の割合のこと。 |
| | 経常利益率（％）＝経常利益÷売上高×100 |

| ストラテジ系 | マネジメント系 | テクノロジ系 |

### ● 損益分岐点売上高

売上高と費用が等しく、利益・損失とも「0」になる売上高のこと。売上高が「**損益分岐点売上高**」を上回っていれば利益が得られていることになり、売上高が「**損益分岐点売上高**」を下回っていれば損失が出ていることになる。

> 損益分岐点売上高＝固定費÷(1－(変動費÷売上高))

**例**：売上高100万円、変動費80万円、固定費10万円のとき、損益分岐点売上高は50万円となる。
売上高が50万円を上回れば利益となり、50万円を下回れば損失となる。

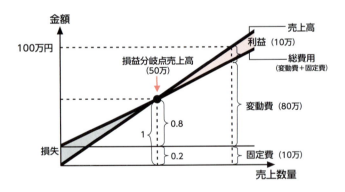

企業と法務（企業活動）

## 9 財務諸表

重要度 ★★☆

> 財務諸表の種類と役割の違いを理解し、表を読み取れるようになりましょう。

### ● 貸借対照表

ある時点における企業の財政状態を表したもの。「B/S (Balance Sheet)」ともいう。表の借方（左側）は「資産」、貸方（右側）は「負債」と「純資産」を表す。

| 科目 | 金額 | 科目 | 金額 |
| --- | --- | --- | --- |
| （資産の部） |  | （負債の部） |  |
| 現金 | 1,000,000 | 借入金 | 70,000 |
| 売掛金 | 50,000 | 買掛金 | 40,000 |
| 商品 | 60,000 |  |  |
|  |  | 負債の部合計 | 110,000 |
|  |  | （純資産の部） |  |
|  |  | 資本金 | 800,000 |
|  |  | 利益 | 200,000 |
|  |  | 純資産の部合計 | 1,000,000 |
| 資産の部合計 | 1,110,000 | 負債・純資産の部合計 | 1,110,000 |

> **More**
>
> **自己資本**
> 純資産のこと。株主から預かった資本（お金）であり、総資産から負債を差し引いたものに相当する。
>
> **総資本**
> 負債と純資産を足したもの。総資産と同じ値になる。

| ストラテジ系 | マネジメント系 | テクノロジ系 |

## ● 損益計算書

一定期間の損益を表したもの。「P/L（Profit & Loss statement）」
ともいう。費用（損失）と利益（収益）を示すことにより、企業の
経営状態を知ることができる。

**損益計算書**

自　平成31年4月　1日
至　令和　2年3月31日

（単位：百万円）

| | | |
|---|---|---|
| 売上高 | 1,000 | |
| 売上原価 | 650 | |
| **売上総利益** | 350 | ❶ |
| 販売費及び一般管理費 | 200 | |
| **営業利益** | 150 | ❷ |
| 営業外収益 | 30 | |
| 営業外費用 | 50 | |
| **経常利益** | 130 | ❸ |
| 特別利益 | 10 | |
| 特別損失 | 20 | |
| **税引前利益** | 120 | ❹ |
| 法人税等 | 50 | |
| **当期純利益** | 70 | ❺ |

**❶売上総利益**

売上高－売上原価

**❷営業利益**

売上総利益－販売費及び一般管理費

**❸経常利益**

営業利益＋営業外収益－営業外費用

**❹税引前利益**

経常利益＋特別利益－特別損失

**❺当期純利益**

税引前利益－法人税等

企業と法務(企業活動)

### ●キャッシュフロー計算書

一定期間の資金(キャッシュ)の流れを表したもの。期首にどれくらいの資金があり、期末にどれくらいの資金が残っているのかを示す。資金の流れを明確にすることができる。

**キャッシュフロー計算書**

[自　平成31年4月　1日]
[至　令和　2年3月31日]

(単位：百万円)

| 区分 | 金額 |
| --- | ---: |
| 営業活動によるキャッシュフロー | |
| 　当期純利益 | 120 |
| 　減価償却費 | 40 |
| 　売掛金増加額 | －30 |
| 　買掛金減少額 | －13 |
| 　棚卸資産の増加額 | －10 |
| 　… | |
| 営業活動によるキャッシュフロー(計) | 107 |
| 投資活動によるキャッシュフロー | |
| 　有形固定資産の取得による支出額 | －75 |
| 　有形固定資産の売却による収入 | 32 |
| 投資活動によるキャッシュフロー(計) | －43 |
| 財務活動によるキャッシュフロー | |
| 　短期借入金の増減額 | 95 |
| 　配当金の支払い額 | －6 |
| 財務活動によるキャッシュフロー(計) | 89 |
| 現金及び現金同等物の増減額 | 153 |
| 現金及び現金同等物の期首残高 | 283 |
| 現金及び現金同等物の期末残高 | 436 |

#### 流動比率

流動資産(1年以内に換金可能な資産)が流動負債(1年以内に返済すべき負債)をどの程度上回っているかを示す指標のこと。流動比率が高いほど、流動負債よりも流動資産の割合が高く(支払い能力が高く)、安定的な企業経営が行われていることを示す。

流動比率(％)＝流動資産÷流動負債×100

ストラテジ系　マネジメント系　テクノロジ系

## 10 知的財産権

重要度 ★★★

知的財産権にはどのような種類があるか、法律によって何が保護され、どのような行為が違法に当たるのかを理解しましょう。

### ●知的財産権
人の知的な創作活動によって生み出されたものを保護するために与えられた権利のこと。次のように分類することができる。

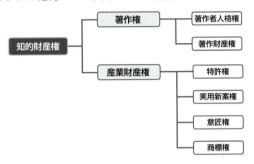

> **More**
>
> **肖像権**
> 写真や動画などに撮影されたり、絵などに描かれたりした、個人の像を守る権利のこと。
>
> **パブリシティ権**
> 芸能人やスポーツ選手、その他著名人などに認められる権利のこと。名前や肖像に対する利益性（経済的利益）を保護する。

### ●著作権
創作者により創作的に表現されたものを保護する権利のこと。「**著作権法**」によって保護される。絵画、小説、音楽、映画、コンピュータプログラムなど、創作的に表現されたもの（知的創作物）には著作権が発生し、無断コピーなどは違法行為に当たる。
なお、知的創作物を創作した時点で権利が発生するため、権利を得るために申請したり登録したりする必要はない。

企業と法務(法務)

### ●産業財産権

工業製品のアイディアや発見、デザイン、ロゴマークなどを独占的に使用する権利を与え、模造防止のために保護する権利のこと。次のようなものがある。

| 権利 | 保護の対象 | 関連する法律 | 保護期間 |
|---|---|---|---|
| 特許権 | アイディアや発明 | 特許法 | 出願から20年 |
| 実用新案権 | 物品の形状や構造に関するアイディアや工夫 | 実用新案法 | 出願から10年 |
| 意匠権 | 意匠(物品のデザインや装飾) | 意匠法 | 登録から20年 |
| 商標権 | 商標(商品の目印になるマークや商品名など) | 商標法 | 登録から10年(繰り返し延長できる) |

#### Let's Try 【7】

実用新案権で保護されるものはどれか。

ア 企業の新しいビジネスの仕組み
イ 製品の形状や構造のアイディア
ウ 製品のデザインや装飾
エ 企業と製品名を連結したネーミングのロゴ

### ●不正競争防止法

不正な競争行為を規制するために制定された法律のこと。営業秘密やアイディアの盗用、商品の模倣、競争相手にとって不利な風評を流すことなどが該当する。

#### 営業秘密の3要素

営業秘密に該当する要件のこと。次の3つの要素がある。
・秘密として管理されていること
・事業活動に有用な技術上または営業上の情報であること
・公然と知られていないこと

#### Let's Try 【8】

営業秘密に該当する要件として、適切でないものはどれか。

ア 秘密として管理されていること　イ 利用したいときに利用できること
ウ 事業活動に有用であること　　　エ 公然と知られていないこと

ストラテジ系　マネジメント系　テクノロジ系

## 11 ソフトウェアライセンス

重要度 ★☆☆

> ソフトウェアの著作権について、保護の対象となるものと、ならないものとの区別ができるようになりましょう。

### ●ソフトウェアライセンス

ソフトウェアの使用許諾のこと。使用許諾の範囲を超えて、ソフトウェアをコピーしたり加工したりすることはできない。

### ●ソフトウェアと著作権

ソフトウェアは、著作権法で保護される。ソフトウェアの違法コピーは明らかに著作権の侵害であり、犯罪行為となる。ただし、ソフトウェアには、保護の対象となるものと、保護の対象とならないものがある。

| 分野 | 保護の対象 | 保護の対象外 |
|---|---|---|
| プログラム関連 | ・プログラム本体<br>（ソースプログラム／<br>　オブジェクトプログラム／<br>　応用プログラム／<br>　オペレーティングシステム） | ・プログラムのための解法<br>・アルゴリズム<br>・プログラム作成用の言語<br>・規約 |
| データ関連 | ・データベース | ・データそのもの |
| マルチメディア関連 | ・Webページ<br>・素材集としての静止画像、動画像、音声 | |

### More

#### サブスクリプション
ソフトウェアの一定期間の利用に対して、ソフトウェアライセンスを購入する契約のこと。一般的に、1年間や1か月間などの期間で、購入できる契約形態が多い。

### Let's Try【9】
著作権法で保護されるものはどれか。

ア　コーディング規約　　　　　　イ　インタフェース規約
ウ　アルゴリズム　　　　　　　　エ　プログラム本体と仕様書

企業と法務（法務）

# 12 セキュリティ関連法規

重要度 ★★★

セキュリティに関する法律には、どのようなものがあるかを理解しましょう。

### ●サイバーセキュリティ基本法
サイバー攻撃の脅威に対応するために、国の戦略や制度、対策などに関する基本方針を定めた法律のこと。サイバーセキュリティに関する対策は、国の責務であると定めている。

**サイバー攻撃**
コンピュータシステムやネットワークに不正に侵入し、データの搾取や破壊、改ざんなどを行ったり、システムを破壊して使用不能に陥らせたりする攻撃の総称のこと。これに対する防御のことを「サイバーセキュリティ」という。

### ●不正アクセス禁止法
不正アクセス行為による犯罪を取り締まるための法律のこと。実際に被害がなくても罰することができる。次のような行為を犯罪と定義している。

- ▶ 他人の識別符号（利用者IDやパスワードなど）を無断で利用し、正規の利用者になりすましてコンピュータを利用する行為。
- ▶ 他人の識別符号を取得・保管する行為。
- ▶ 他人に識別符号を不正に入力させる行為。
- ▶ 他人の識別符号をその正規の利用者や管理者以外の者に提供し、不正なアクセスを助長する行為。

#### Let's Try【10】
不正アクセス禁止法の規制対象に該当するものはどれか。
ア 宣伝や広告を目的とした電子メールを一方的に送信する行為
イ 本人の同意を得ることなく個人の氏名や顔写真を公開するWebサイト
ウ アクセスするだけでマルウェアに感染させるWebサイト
エ 本物のWebサイトで利用するIDとパスワードを入力させる偽装Webサイト

| ストラテジ系 | マネジメント系 | テクノロジ系 |

## ●個人情報保護法

個人情報取扱事業者の守るべき義務などを定めることにより、個人情報の有用性に配慮しつつ、個人の権利利益を保護することを目的とした法律のこと。個人情報の取得時に利用目的を通知・公表しなかったり、個人情報の利用目的を超えて個人情報を利用したりすることを禁止している。

> **More**
>
> **個人情報**
>
> 生存する個人に関する情報であり、氏名や生年月日、住所などにより、特定の個人を識別できる情報のこと。ほかの情報と容易に照合することができ、それにより特定の個人を識別できるものを含む。例えば、氏名だけや顔写真だけでも、特定の個人を識別できるため個人情報になる。照合した結果、生年月日と氏名との組合せや、職業と氏名との組合せなども、特定の個人が識別できるため個人情報になる。
>
> 2015年の個人情報保護法の改正において、次のような情報が追加された。
>
> | 種類 | 説明 |
> | --- | --- |
> | 要配慮個人情報 | 不当な差別や偏見など本人の不利益につながりかねない配慮すべき個人情報のこと。人種、信条、社会的身分、病歴、犯罪歴、犯罪により被害を被った事実などが該当する。 |
> | 匿名加工情報 | 特定の個人を識別できないように個人情報を加工して、個人情報を復元できないようにした情報のこと。 |
> | 特定個人情報 | マイナンバー（住民票を有するすべての国民に付す番号）を内容に含む個人情報のこと。 |

### Let's Try【11】

個人情報保護法の規制対象に該当するものはどれか。

ア 本人の同意を得ることなく、個人情報を他の目的に利用した。
イ あるWebサイトの他人のIDとパスワードを、本人に無断で第三者に教えた。
ウ ソフトウェアを使用許諾の範囲を超えて利用した。
エ 個人を特定できない他人の生年月日だけを第三者に教えた。

## ●特定電子メール法

宣伝・広告を目的とした電子メール（**特定電子メール**）を、受信者の承諾を得ないで一方的に送信することを規制する法律のこと。「**迷惑メール防止法**」ともいう。

# 企業と法務（法務）

## ● プロバイダ責任制限法

プロバイダ（インターネット接続サービス事業者）が運営するWebページで、個人情報の流出や誹謗中傷の掲載などがあった場合に、プロバイダの損害賠償責任の範囲が制限されたり（免責）、被害者が発信者の氏名などの開示を求めたりできるようにした法律のこと。

なお、プロバイダが、個人の権利が侵害されているのを知っていたのに、そのWebページ内の掲載を削除しなかった場合は、免責の対象外となる。

## ● 不正指令電磁的記録に関する罪

刑法に定められた法律のひとつで、悪用することを目的に、コンピュータウイルスなどのマルウェアを作成、提供、供用、取得、保管する行為を禁止する法律のこと。「ウイルス作成罪」ともいう。

> **刑法**
> どのようなものが犯罪となり、犯罪を起こした場合にどのような刑罰が適用されるのかを定めた法律のこと。

## ● サイバーセキュリティ経営ガイドライン

大企業や中小企業（小規模の事業者を除く）のうち、ITの利活用が不可欠である企業の経営者を対象として、経営者のリーダシップでサイバーセキュリティ対策を推進するためのガイドラインのこと。経営者が認識する必要があるとする「3原則」や、情報セキュリティ対策を実施するうえでの責任者となる担当幹部（CISOなど）に対して経営者が指示すべき「重要10項目」を取りまとめている。

> **Let's Try【12】**
> ITの利活用が不可欠である企業の経営者を対象に、サイバー攻撃から企業を守る観点で経営者が認識すべき原則や取り組むべき項目を記載したものはどれか。
>
> ア　サーバーセキュリティ基本法
> イ　特定電子メール法
> ウ　不正指令電磁的記録に関する罪
> エ　サイバーセキュリティ経営ガイドライン

38

ストラテジ系 マネジメント系 テクノロジ系

## 13 労働関連法規

重要度

 労働者派遣契約と請負契約の特徴と違いを理解しましょう。

### ●労働者派遣契約

派遣先（派遣先企業）が派遣元（派遣会社）に労働者の派遣を依頼し、派遣を実施する契約のこと。派遣先の指揮命令の下で、派遣先の業務に従事させる。労働力を提供する契約であり、業務の完成の責任を負うものではない。

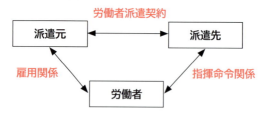

派遣元（派遣会社）が守るべき規定には、次のようなものがある。

> ▶派遣労働者であった者を、派遣元との雇用期間が終了後、派遣先が雇用することを禁じてはならない。

派遣先（派遣先企業）が守るべき規定には、次のようなものがある。

> ▶派遣労働者を仕事に従事させる際、派遣先の雇用する労働者の中から派遣先責任者を選任しなければならない。
> ▶派遣労働者を自社とは別の会社に派遣することは、二重派遣にあたり、労働者派遣法に違反する。
> ▶派遣労働者の選任は、紹介予定派遣を除き、特定の個人を指名して派遣を要請することはできない。

企業と法務（法務）

## Let's Try【13】
労働者派遣契約の特徴について、適切なものはどれか。

ア 労働者は、派遣元（派遣会社）の指揮命令の下で、業務に従事する。
イ 労働者は、業務の完成品の納品までの責任を負う。
ウ 労働者は、労働力を提供し、業務の完成の責任は負わない。
エ 労働者は、派遣先（派遣先企業）との間で雇用関係が発生する。

● **請負契約**

注文者が請負事業者に業務を依頼し、その業務が完成した場合に報酬を支払うことを約束する契約のこと。請負事業者が雇用する労働者を自らの指揮命令の下で、注文者の労働に従事させることになる。業務の完成が目的であるため、結果（成果物）が出せない場合は、報酬は支払われない。請負事業者は、原則的に下請人を使用して仕事を行うことができる。

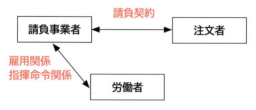

### More

**守秘義務契約**
機密情報に触れる可能性のある者に対し、職務上知り得た情報を特定の目的以外に利用したり、第三者に漏えいしたりしないことを約束する契約のこと。「NDA（Non-Disclosure Agreement）」、「秘密保持契約」、「機密保持契約」ともいう。

**裁量労働制**
業務の遂行方法や勤務時間を社員の裁量にゆだねる制度のこと。労働時間の長短とは関係なく、一定の成果に応じて労働したとみなされる。

ストラテジ系 | マネジメント系 | テクノロジ系

## 14 倫理規定

重要度 ★★★

企業の透明化や健全化を目的とした取組みを理解しましょう。

### ●コンプライアンス
法制度をはじめ、企業倫理(企業において注意するべきモラルやマナー)や行動規範などを含めたあらゆるルールを遵守すること。日本語では「法令遵守」の意味。
投資家、取引先、顧客などの利害関係者に不利益をもたらすことのない健全な企業活動を行うことが求められる。

### ●コーポレートガバナンス
企業活動を監視し、経営の透明性や健全性をチェックしたり、経営者や組織による不祥事を防止したりする仕組みのこと。日本語では「企業統治」の意味。
主な目的は、次のとおり。

> ▶経営者の私利私欲による暴走をチェックし、阻止する。
> ▶組織ぐるみの違法行為をチェックし、阻止する。
> ▶経営の透明性、健全性、遵法性を確保する。
> ▶利害関係者への説明責任を徹底する。
> ▶迅速かつ適切に情報開示する。
> ▶経営者並びに各層の経営管理者の責任を明確にする。

#### More

**公益通報者保護法**
企業の法令違反を社内外に通報した労働者を保護する法律のこと。通報した労働者に対して、解雇や降格、減給などの不利益な行為を行うことを禁止している。

**情報公開法**
行政機関の保有するすべての行政文書を対象として、誰でもその開示を請求できる権利を保護する法律のこと。

企業と法務（法務）

## 15 標準化

重要度 ★★★

☑ 身近な標準化の例を把握し、代表的な国際規格を覚えましょう。

### ● 身近な標準化の例

| 標準化の例 | 説明 |
| --- | --- |
| JANコード  | JISによって規格化された、情報を横方向に読み取れる1次元コード（バーコード）のJIS規格のこと。左から国名2桁、メーカコード5桁、商品コード5桁、チェックコード1桁の全13桁で意味付けられている。多くの商品パッケージの一部に印字され、スーパーやコンビニエンスストアなどのレジでは、日常的に利用されている。 |
| QRコード  | JISによって規格化された、縦横二方向に情報を持った2次元コードのJIS規格のこと。コードの3か所の角に切り出しシンボルがあり、360度どの方向からも高速に正確に読み取れる。多くの情報を扱うことができる。最近では、スマートフォンでのキャッシュレス（現金を使用しない）決済で利用されている。 |

> **More**
>
> **JIS**
> 日本の工業製品の標準化を促進する目的で策定された規格のこと。「日本工業規格」ともいう。工業製品の種類、形状、寸法、構造などに関する規格を定めている。「Japanese Industrial Standards」の略。

**Let's Try【14】**
スーパーなどのPOSで入力するバーコードを何というか。
ア ソースコード　　イ Gコード　　ウ JANコード　　エ QRコード

**Let's Try【15】**
縦横二方向に情報を持った2次元コードはどれか。
ア JANコード　　イ QRコード　　ウ JISコード　　エ ASCIIコード

42

ストラテジ系　マネジメント系　テクノロジ系

## ●代表的な国際規格

| 国際規格 | 説明 |
|---|---|
| ISO 9000 | 企業における「品質マネジメントシステム」に関する一連の国際規格のこと。日本では「JIS Q 9000」として規定されている。企業が顧客の求める製品やサービスを安定的に供給する仕組みを確立し、それを継続的に維持・改善することが規定されている。 |
| ISO 14000 | 企業における「環境マネジメントシステム」に関する一連の国際規格のこと。日本では「JIS Q 14000」として規定されている。計画・実施・点検・見直しのPDCAサイクルにより、環境保全への取組みを継続的に行うことが規定されている。 |
| ISO/<br>IEC 27000 | 企業における「情報セキュリティマネジメントシステム(ISMS)」に関する一連の国際規格のこと。日本では「JIS Q 27000」として規定されている。情報セキュリティのリスクを評価し、適切な手引きを使って適切な対策を講じることなどが規定されている。 |

### ISO
国際的なモノやサービスの流通を円滑に行うことを目的として、幅広い分野にわたり標準化を行う団体のこと。「国際標準化機構」ともいう。「International Organization for Standardization」の略。

### Let's Try 【16】
規格とその定められた組合せとして、適切なものはどれか。

| | JIS Q 9000 | JIS Q 14000 | JIS Q 27000 |
|---|---|---|---|
| ア | 品質マネジメント | 情報セキュリティマネジメント | 環境マネジメント |
| イ | 環境マネジメント | 品質マネジメント | 情報セキュリティマネジメント |
| ウ | 品質マネジメント | 環境マネジメント | 情報セキュリティマネジメント |
| エ | 情報セキュリティマネジメント | 環境マネジメント | 品質マネジメント |

# 2日目

ストラテジ系の「経営戦略」と「システム戦略」を集中的に学習します。

### 経営戦略
- 経営戦略マネジメント
- 技術戦略マネジメント
- ビジネスインダストリ

### システム戦略
- システム戦略
- システム企画

## 16 経営情報の分析手法

経営戦略を決定するための、代表的な経営情報の分析手法にはどのようなものがあるかを理解しましょう。

● SWOT分析

強み (Strengths)、弱み (Weaknesses)、機会 (Opportunities)、脅威 (Threats) を分析し、評価すること。

強みと弱みは、企業の「内部環境」を分析して、"活かすべき強み"と"克服すべき弱み"を明確化する。人材、営業力、商品力、販売力、技術力、ブランド、競争力、財務体質などが含まれる。

機会と脅威は、企業を取り巻く「外部環境」を分析して、"利用すべき機会"と"対抗すべき脅威"を見極める。政治、経済、社会情勢、技術進展、法的規制、市場規模、市場成長性、価格動向、顧客動向、競合他社動向などが含まれる。

> **More**
>
> **マクロ環境**
> 外部環境のうち、企業にとって統制が不可能なものを指す。例えば、政治、経済、社会情勢、技術進展、法的規制などが含まれる。
>
> **ミクロ環境**
> 外部環境のうち、企業にとって一定の統制が可能なものを指す。例えば、市場規模、市場成長性、価格動向、顧客動向、競合他社動向などが含まれる。

経営戦略（経営戦略マネジメント）

## Let's Try【17】
企業の経営戦略を策定するために、"強み"、"弱み"、"機会"、"脅威"を分析・評価する手法はどれか。
ア SWOT分析　　イ PPM　　ウ BSC　　エ 成長マトリクス分析

### ●PPM
企業が扱う事業や製品を、市場占有率（市場シェア）と市場成長率を軸とするグラフにプロットし、「花形」、「金のなる木」、「問題児」、「負け犬」の4つに分類する経営分析の手法のこと。4つの分類に経営資源を配分することで、効果的・効率的で、最適な事業や製品の組合せを分析する。「Product Portfolio Management」の略。

| 高↑市場成長率↓低 | 花形<br>(star)<br>成長期待→維持 | 問題児<br>(question mark, problem child)<br>競争激化→育成 |
|---|---|---|
|  | 金のなる木<br>(cash cow)<br>成熟分野・安定利益→収穫 | 負け犬<br>(dogs)<br>停滞・衰退→撤退 |
|  | 大←　市場占有率　→小 ||

#### ベンチマーキング
優良企業や優良事例の最も優れているとされる方法を分析し、自社の方法と比較すること。得られたヒントを経営や業務の改善に活かす。

## Let's Try【18】
"金のなる木"に該当するものはどれか。
ア 市場成長率が高く、市場占有率が大きい。
イ 市場成長率が高く、市場占有率が小さい。
ウ 市場成長率が低く、市場占有率が大きい。
エ 市場成長率が低く、市場占有率が小さい。

ストラテジ系　マネジメント系　テクノロジ系

## ●成長マトリクス分析

「製品・サービス」と「市場」の関係性から、企業の成長戦略の方向性を導き出す手法のこと。「アンゾフの成長マトリクス」ともいう。横軸に「製品・サービス」、縦軸に「市場」を設け、さらにそれぞれに「新規」と「既存」を設けて、4つのカテゴリである「市場開拓」、「市場浸透」、「多角化」、「新製品開発」に分類したマトリクスを使って分析する。

|  |  | 既存 | 新規 |
|---|---|---|---|
| 市場 | 新規 | **市場開拓**<br>既存の製品を新規顧客層に向けて展開する | **多角化**<br>新しい分野への進出を図る |
|  | 既存 | **市場浸透**<br>競争優位を獲得して市場占有率を高める | **新製品開発**<br>新製品を既存顧客層に向けて展開する |
|  |  | 既存 | 新規 |
|  |  | 製品・サービス ||

> **More**
>
> 3C分析
> 自社（Company）、競合他社（Competitor）、顧客（Customer）の3Cを分析し、経営目標を達成するうえで重要な要素を見つけ出すこと。

---

**Let's Try【19】**

成長マトリクス分析で評価する4つのカテゴリとして、適切なものはどれか。

ア 財務、顧客、業務プロセス、学習と成長
イ 強み、弱み、機会、脅威
ウ 花形、金のなる木、問題児、負け犬
エ 市場開拓、市場浸透、多角化、新製品開発

経営戦略（経営戦略マネジメント）

# 17 企業間の連携・提携

重要度 ★★☆

代表的な企業間の連携・提携には、どのようなものがあるかを理解しましょう。

## ●アライアンス

企業間での連携・提携のこと。自社の資源だけでなく、ほかの企業の資源を有効に活用して経営を行うことで競争優位を実現することができる。次のような形態がある。

| 形態 | 説明 |
| --- | --- |
| M&A | 企業の合併・買収の総称で、合併は複数の企業がひとつの企業になること、買収は企業の一部または全部を買い取ること。自社にはない技術やノウハウを獲得することにより、新規事業の展開を短期間で実現できる。 |
| 持株会社 | 他の株式会社の株式を大量に保有し、支配することを目的とする会社のこと。常にグループ全体の利益を念頭においた経営戦略が可能になったり、意思決定のスピード化を図ったりできる。 |
| ジョイントベンチャ | 2社以上の企業が共同で出資することによって設立し、共同で経営する企業のこと。「合弁企業」や「合弁会社」ともいう。 |

### コモディティ化
製品の機能や品質が均等化して、消費者にとって、どの企業の製品を買っても同じであると感じる状態のこと。自社製品と他社製品の機能や品質による差別化が難しいため、低価格競争に陥ってしまう。

### ニッチ戦略
大手企業の参入している市場ではなく、特定の市場（隙間市場）に焦点を合わせてその市場での収益性を確保・維持する戦略のこと。

### 規模の経済
生産規模が拡大するに従って固定費が減少するため、単位当たりの総コストも減少するという考え方のこと。

### 範囲の経済
新しい事業を展開するときに、既存の事業が持つ経営資源を活用することによって、コストを削減するという考え方のこと。

| ストラテジ系 | マネジメント系 | テクノロジ系 |

# 18 マーケティング

重要度 ★★☆

> マーケティングに関する考え方を理解しましょう。

## ●マーケティング
顧客のニーズを的確に反映した製品を製造し、販売する仕組みを作るための活動のこと。

## ●マーケティングミックス
販売側の視点から考える4つのP（4P）と、顧客側の視点から考える4つのC（4C）について、最適な組合せを考えるマーケティング手法のこと。

| 4つのP（4P） | 検討する内容 | 4つのC（4C） |
| --- | --- | --- |
| Product（製品） | 品質やラインナップ、デザインなど | Customer Value（顧客にとっての価値） |
| Price（価格） | 定価や割引率など | Cost（顧客の負担） |
| Place（流通） | 店舗立地条件や販売経路、輸送など | Convenience（顧客の利便性） |
| Promotion（販売促進） | 宣伝や広告、マーケティングなど | Communication（顧客との対話） |

## ●その他のマーケティング手法
その他のマーケティング手法には、次のようなものがある。

| 種類 | 説明 |
| --- | --- |
| インバウンドマーケティング | SNSや検索エンジンなどによって、顧客が自ら情報を収集し、その中から自社の商品やサービスの情報を見つけ出してもらうマーケティング手法のこと。 |
| アウトバウンドマーケティング | 電話や電子メールなどによって、一方的に自社の商品やサービスを直接売り込む従来型のマーケティング手法のこと。 |

経営戦略（経営戦略マネジメント）

| 種類 | 説明 |
|---|---|
| ターゲットマーケティング | 年齢層や趣味嗜好など、自社がターゲットとする市場を絞り込んで実施するマーケティング手法のこと。「ターゲティング」ともいう。 |
| ポジショニング | ターゲットとする市場に対して、自社の価値をどのように訴求すべきかを考えるマーケティング手法のこと。 |
| RFM分析 | 優良顧客を見分ける顧客分析のひとつで、「Recency（最終購買日）」、「Frequency（購買頻度）」、「Monetary（累計購買金額）」の3つの視点から顧客を分析するマーケティング手法のこと。各視点にスコアを付けてランキングすることで上位の顧客を優良顧客と判断し、ダイレクトメールの送付先を決めるといった使い方をする。 |

**イノベータ理論**
新商品に対する消費者の態度を5つに分類した理論のこと。購入の早い順に「イノベータ（革新者）」、「オピニオンリーダ（初期採用者）」、「アーリーマジョリティ（前期追随者）」、「レイトマジョリティ（後期追随者）」、「ラガード（遅滞者）」の5つに消費者層を分類する。

**UX**
商品やサービスを通して得られる体験のこと。使いやすさだけでなく、満足感や印象なども含まれる。「User Experience」の略。

### Let's Try【20】
年齢層や趣味嗜好など、絞り込んだ対象層（市場）に実施するマーケティング手法として、最も適切なものはどれか。
ア インバウンドマーケティング
イ アウトバウンドマーケティング
ウ ターゲットマーケティング
エ ポジショニング

### Let's Try【21】
消費者の態度のうち、購入の早い順番で並べたものはどれか。
ア オピニオンリーダ、ラガード、レイトマジョリティ、アーリーマジョリティ
イ オピニオンリーダ、ラガード、アーリーマジョリティ、レイトマジョリティ
ウ オピニオンリーダ、レイトマジョリティ、アーリーマジョリティ、ラガード
エ オピニオンリーダ、アーリーマジョリティ、レイトマジョリティ、ラガード

| ストラテジ系 | マネジメント系 | テクノロジ系 |

## 19 ビジネス戦略と目標・評価

重要度 ★★☆

> ビジネス戦略を実現するための目標・評価の手法や指標にどのようなものがあるかを理解しましょう。

### ●BSC

企業の目標と戦略を明確にすることで、数値上で表される業績だけでなく、様々な視点から経営を評価し、バランスの取れた業績の評価を行う手法のこと。「バランススコアカード」ともいう。「Balanced Scorecard」の略。次の4つの視点から評価する。

| 視点 | 内容 |
| --- | --- |
| 財務 | 売上高、収益性、決算、経常利益などの財務的視点から目標の達成を目指す。 |
| 顧客 | 財務の視点を実現するために、顧客満足度、ニーズ、品質などにおいて、消費者や得意先など顧客の視点から目標の達成を目指す。 |
| 業務プロセス | 財務目標の達成や顧客満足度を向上させるために、どのようなプロセスが重要で、どのような改善が必要であるかを分析し、財務の視点、顧客の視点から目標の達成を目指す。 |
| 学習と成長 | 企業が競合他社よりも優れた業務プロセスを備え、顧客満足を図り、財務的目標を達成するためには、どのように従業員の能力を高め、環境を維持すべきかといった能力開発や人材開発に関する目標の達成を目指す。 |

### ●KGI

売上高や利益など、企業の最終的に達成すべき数値目標のこと。「Key Goal Indicator」の略。日本語では「重要目標達成指標」の意味。

### ●KPI

新規顧客の獲得数や契約件数など、KGIを達成するための中間目標のこと。「Key Performance Indicator」の略。日本語では「重要業績評価指標」の意味。

経営戦略（経営戦略マネジメント）

## 20 経営管理システム

重要度 ★★★

> 経営管理を効果的に行う主な経営管理システムを理解しましょう。

### ●SFA
コンピュータなどを利用して営業活動を支援するための考え方、またはそれを実現するためのシステムのこと。顧客との商談（コンタクト）履歴を管理したり、顧客の情報や営業テクニックなどのノウハウを共有したりして、営業活動の効率化や標準化を図る。「Sales Force Automation」の略。日本語では「**営業支援システム**」の意味。

### ●CRM
営業活動だけでなく全社的な規模で顧客との関係を強化するための考え方、またはそれを実現するためのシステムのこと。「Customer Relationship Management」の略。日本語では「**顧客関係管理**」の意味。

### ●SCM
取引先との間の受発注、資材（原材料や部品）の調達、製品の生産、在庫管理、製品の販売、配送までの流れ（**サプライチェーン**）をコンピュータやインターネットを利用して統合的に管理すること、またはそれを実現するためのシステムのこと。「**サプライチェーンマネジメント**」ともいう。企業間でやり取りされる情報を一元管理することで、余分な在庫などを削減し、流通コストを引き下げる効果がある。「Supply Chain Management」の略。日本語では「**供給連鎖管理**」の意味。

---

**Let's Try【22】**
商品の材料調達から販売までの流れを一元管理して、この流れの最適化を目指すシステムはどれか。

ア SFA　　　イ CRM　　　ウ SCM　　　エ TQM

ストラテジ系 | マネジメント系 | テクノロジ系

# 21 技術戦略における考え方・活動

重要度 ★★★

☑ 技術戦略にあたって、代表的な考え方や活動にはどのようなものがあるかを理解しましょう。

## ●製品プロセスの障壁

製品には、「技術研究」→「製品開発」→「製品化」→「事業化」というプロセスがあり、次のような障壁が発生する。

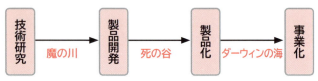

| 障壁 | 説明 |
|---|---|
| 魔の川 | 技術研究に成功したあと、製品開発するために立ちはだかっている困難を指す。例えば、製品開発するにあたって、実現したい開発内容が得られないことなどが該当する。 |
| 死の谷 | 製品開発に成功したあと、製品化するために立ちはだかっている困難を指す。例えば、製品化するにあたって、十分な資金が得られないことなどが該当する。 |
| ダーウィンの海 | 製品化に成功したあと、事業化（製品が売れて事業として成り立つこと）するために立ちはだかっている困難を指す。例えば、事業化するにあたって、製品の利益が上げられず、市場から淘汰される（撤退を余儀なくされる）ことなどが該当する。 |

### Let's Try【23】

①技術研究→②製品開発→③製品化→④事業化という製品のプロセスにおいて、③と④の間で発生する障壁のことを何というか。

ア 魔の川　　イ 死の谷　　ウ ダーウィンの海　　エ ブルーオーシャン

### ロードマップ
技術開発戦略を達成するために、具体的な目標を設定し、達成までのスケジュールを時間軸に従って表したもの。「技術ロードマップ」ともいう。横軸に時間、縦軸に技術や機能などを示し、研究開発への取組みによる要素技術や、求められる機能などの進展の道筋を時間軸上に表す。

## ●技術戦略の活動・手法
技術戦略の活動や手法には、次のようなものがある。

| 種類 | 説明 |
| --- | --- |
| オープンイノベーション | 企業が自社のビジネスにおいて、外部の技術やアイディアを活用し、製品やサービスの革新に活かすこと。組織内だけでは実現できない技術やアイディアを異業種や大学などの組織外に求めて、新たな価値を見出すことを目的としている。また、自社の利用していない技術やアイディアを他社に活用させることも行う。 |
| ハッカソン | 与えられた特定のテーマ(目的達成や課題解決のテーマ)に対して、ソフトウェアの開発者や設計者、企画者などがチームを作り、短期集中的にアイディアを出し合い、プロトタイプ(試作品)を作成することなどで検証し、その成果を競い合うイベントのこと。 |
| デザイン思考 | デザイナの感性と手法を体系化し、製品やサービスを利用するユーザの視点に立つことを優先して考え、ユーザの要望を取り入れて製品やサービスをデザイン(設計)すること。 |
| リーンスタートアップ | 最小限のサービスや製品をより早く開発、顧客からの反応を得ながら改善を繰り返し、新規事業を立ち上げる手法のこと。 |

### Let's Try 【24】
与えられた特定のテーマに対して、チームを作って短期集中的にアイディアを出し合い、その成果を競い合うイベントを何というか。

ア イノベーション　　　　　　イ キャズム
ウ オープンイノベーション　　エ ハッカソン

ストラテジ系　マネジメント系　テクノロジ系

## Let's Try【25】

デザイン思考の特徴として、適切なものはどれか。

ア　オブジェクト指向の視点に立つことを最優先する。
イ　設計者の視点に立つことを最優先する。
ウ　ユーザの視点に立つことを最優先する。
エ　企画者の視点に立つことを最優先する。

---

**More**

### イノベーション

革新のこと。新しい技術やこれまでにない考え方やサービスなどにより、新たな市場価値を生み出すもの。

### イノベーションのジレンマ

既存技術の向上や改善を優先することでイノベーションが進まないために、市場シェアを奪われてしまう現象のこと。特に大企業においては、既存技術の高性能化などを優先するため、イノベーションが進まない傾向にある。これによって、新しい価値を見出す市場への参入が遅れ、新興企業に市場シェアを奪われて経営環境が悪くなる。

### APIエコノミー

APIをビジネスに活用すること、またはAPIを公開・利用するエコノミー（経済圏）のこと。「API経済圏」ともいう。
「API」とは、プログラムの機能やデータを、外部のほかのプログラムから呼び出して利用できるようにするための仕組みのこと。
「Application Program Interface」の略。

### SDGs

2015年9月に国連で採択された、2016年から2030年までの持続可能な開発目標のこと。持続可能な世界を実現するために、17の目標から構成される。「Sustainable Development Goals」の略。日本語では「持続可能な開発目標」の意味。

---

## Let's Try【26】

大企業が既存技術の改良を優先し、新しい技術を使った市場への参入が遅れ、シェアを失い、経営環境が悪くなる状況として適切なものはどれか。

ア　イノベーションのジレンマ　　　イ　オープンイノベーション
ウ　プロセスイノベーション　　　　エ　プロダクトイノベーション

経営戦略（ビジネスインダストリ）

## 22 ビジネスシステム

重要度 ★★★

代表的なビジネスシステムにはどのようなものがあるかを理解しましょう。

### ●POSシステム
商品が販売された時点で、販売情報（何を、いつ、どこで、どれだけ、誰に販売したか）を収集するシステムのこと。「**販売時点情報管理システム**」ともいう。「Point Of Sales」の略。
販売された商品を読み取るのにバーコードを採用しており、コンビニエンスストアやスーパー、デパート、ショッピングセンタ、レストランなどの流通情報システムで活用されている。

### ●GPS
人工衛星を利用して衛星から電波を受信し、自分が地球上のどこにいるのかを正確に割り出すシステムのこと。「**全地球測位システム**」ともいう。「Global Positioning System」の略。
受信機が人工衛星の電波を受信して、その電波が届く時間により、受信機と人工衛星との距離を計算する。3つの人工衛星から受信した情報で計算し、位置を測定している。カーナビゲーションや携帯情報端末で利用されている。

> **More**
>
> **準天頂衛星**
> 正確な現在位置を割り出すためにGPSを補完する衛星のこと。電波をほぼ真上から受信できるため、特に都心部の高層ビル街などでも正確な現在位置を割り出すことができる。

### ●ETCシステム
有料道路の料金支払いを自動化するためのシステムのこと。「**自動料金収受システム**」ともいう。利用する際には、クレジットカード会社が発行する接触式ICカードをETC車載器に差し込んでおくことで、停車することなく料金所を通過できる。料金は後日

56

クレジットカード会社を経由して請求される仕組み。「Electronic Toll Collection」の略。

### Let's Try 【27】
GPSを利用したシステムとして、適切なものはどれか。
ア POSシステム　　　　　　　イ カーナビゲーション
ウ ETCシステム　　　　　　　エ SCM

### More

#### RFID
微小な無線チップにより、人やモノを識別・管理する仕組みのこと。ラベルシールや封筒、キーホルダー、リストバンドなどに加工できるため、人やモノに無線チップを付けることが容易である。読取り装置を使って、複数の無線チップから同時に情報を読み取ることができる。
「Radio Frequency IDentification」の略。

#### エンジニアリングシステム
工業製品などの設計や製造などの作業を自動的に行うシステムのこと。次のようなものがある。

| 種類 | 説明 |
| --- | --- |
| CAD | 機械や建築物、電子回路などの設計を行う際に用いるシステムのこと。設計図面を3次元で表現したり、編集を容易にしたりすることが可能になり、設計作業の効率（生産性）や精度（信頼性）が向上する。「Computer Aided Design」の略。 |
| CAM | 工場などの生産ラインの制御に用いられるシステムのこと。CADで作成された図面データを取り込み、その後、実際に製造する工作機械に情報を送りこむことでシステムが運用される。「Computer Aided Manufacturing」の略。 |

### Let's Try 【28】
CADの特徴として、適切なものはどれか。

ア アナログ信号をディジタル信号に変換する。
イ 光を電気信号に変換する。
ウ 工業製品などの設計にコンピュータを用いる。
エ 設計されたデータを取り込んで工作機械で製造する。

経営戦略（ビジネスインダストリ）

## 23 AI（人工知能）

重要度 ★★★

> AI（人工知能）で注目されている様々な技術の特徴を理解し、その違いを区別できるようになりましょう。

### ●AI
人間の脳がつかさどる機能を分析して、その機能を人工的に実現させようとする試み、またはその機能を持たせた装置やシステムのこと。「人工知能」ともいう。「Artificial Intelligence」の略。現在は第3次ブームといわれており本格的な定着化が期待される。

### ●ニューラルネットワーク
人間の脳の仕組みを人工的に模倣したもの。人間の脳には、神経細胞（ニューロン）が多数集まって神経伝達ネットワークを構築しており、これが元になっている。神経細胞を人工的に見立てたもの同士を3階層のネットワーク（入力層・中間層・出力層）で表現する。

### ●機械学習
AIに大量のデータを読み込ませることにより、AI自身がデータのルールや関係性を発見し、分類するなど、「AIが自分で学習する」という点が特徴のAI技術のこと。
対象となるデータ（画像、音声など）の「どこに注目すればよいか（特徴量）」を人間が指示するだけで、大量の情報を読み込み、正しい判断ができるようになる。例えば、人間が「猫の映った画像を認識するためには、どこに注目すればよいか」を指示すれば、多くのデータを読み込ませるだけで、正しく猫の画像を選択できるようになる。

### ●ディープラーニング
ニューラルネットワークの仕組みを取り入れたAI技術のことであり、機械学習の手法のひとつとして位置付けられる。「深層学習」ともいう。データを入力層から入力し、複数の中間層を経て回答が出力されるが、この中間層の階層を深くするほど、より高度な分類や判断が可能となる。

ストラテジ系 マネジメント系 テクノロジ系

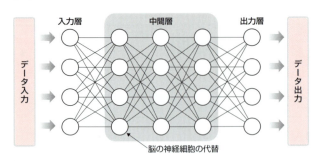

一般的な機械学習(教師あり学習)との最大の違いは、人間の指示が不要(特徴量の指示が不要)という点である。人間が何も指示しなくても、大量のデータを読み込ませることで、AI自身が対象の特徴を見出し、判断や分類ができるようになる。

> **More**
>
> **ディープラーニングで与えるデータ**
> 偏った特徴のデータだけを与えると、AIは判断を誤る可能性がある。対策としては、多くの様々なデータを与えるようにするとよい。
> 例えば、与える画像データに「帽子をかぶった女性」が1人しかいない場合、「帽子をかぶった人をすべて女性」と判断を誤ることがある。対策として、女性以外の帽子をかぶった画像データを与えるとよい。
>
> **機械学習の分類**
> 機械学習では、人間の判断から得られた正解に相当する「教師データ」の与えられ方によって、次のように3つに分類される。

| 種類 | 説明 |
| --- | --- |
| 教師あり学習 | 教師データが与えられるタイプの機械学習のこと。教師データを情報として学習に利用し、未知の情報に対応することができる。例えば、猫というラベル(教師データ)が付けられた大量の写真をAIが学習することで、ラベルのない写真が与えられても、猫を検出できるようになる。 |
| 教師なし学習 | 教師データが与えられないタイプの機械学習のこと。例えば、猫というラベル(教師データ)がない大量の写真をAIが学習することで、画像の特徴から猫のグループ分けを行う。 |
| 強化学習 | 試行錯誤を通じて、評価(報酬)が得られる行動や選択を学習するタイプの機械学習のこと。例えば、将棋で敵軍の王将をとることに最大の評価を与え、勝利に近い局面ほど高い評価を与えて、将棋の指し方を反復して学習させる。 |

経営戦略（ビジネスインダストリ）

### Let's Try 【29】
ディープラーニングの特徴として、適切なものはどれか。

ア 人間が指示することで正しい判断ができるようになる。
イ 人間が何も指示しなくても、対象の特徴を見出して判断や分類ができるようになる。
ウ 教師データを与える必要があり、この情報を学習に利用する。
エ 各個人が保有する知識やノウハウを組織全体で共有して有効活用する。

## ●AIの活用例

AIの活用例には、次のようなものがある。

- ▶画像解析でAIを利用して、きゅうりを形や色合い、大きさによりランク分けする自動仕分けシステム
- ▶大量の画像を取得し処理することによって、歩行者と車をより確実に見分けるシステム
- ▶囲碁や将棋において、人間のトップ棋士を破る思考力を実現するプログラム
- ▶サービスデスクの運用における、人間の問いかけに自動応答するプログラム（チャットボット）
- ▶学習アプリの利用状況や問題の正誤データを解析し、生徒一人ひとりに最適化したカリキュラムを提供するAI教育サービス
- ▶従業員の顔画像から脈拍の変化の度合いを分析し、ストレスの大きさを測るサービス
- ▶金融業における、お客様の問合せ記録の分析から詐欺のパターンを検出するプログラム

### Let's Try 【30】
将棋ソフトウェアの能力が、プロの棋士と対戦して勝利するまで向上した。ここで活用されている技術として、適切なものはどれか。

ア IC　　　　　イ VR　　　　　ウ AI　　　　　エ IoT

ストラテジ系 | マネジメント系 | テクノロジ系

## 24 電子商取引

重要度 ★☆☆

電子商取引における取引関係にどのようなものがあるかを理解しましょう。

### ●電子商取引
ネットワークを利用して商業活動をすること。「EC (Electronic Commerce)」ともいう。
ネットワークを利用することで、店舗や店員にかかるコストを削減し、少ない投資で事業に参入することが可能になる。

### ●電子商取引の分類
電子商取引は、取引の関係によって次のように分類される。

| 取引関係 | 説明 | 例 |
| --- | --- | --- |
| BtoB | 企業と企業の取引。「Business to Business」の略。 | 企業間の受発注システム 電子マーケットプレース（電子取引所） |
| BtoC | 企業と個人の取引。「Business to Consumer」の略。 | オンラインモール（電子商店街） インターネットバンキング インターネットトレーディング（電子株取引） 電子オークション |
| BtoE | 企業と従業員の取引。「Business to Employee」の略。 | 従業員向け社内販売サイト |
| CtoC | 個人と個人の取引。「Consumer to Consumer」の略。 | 電子オークション |
| GtoC | 政府と個人の取引。「Government to Citizen」の略。 | 電子申請・届出システム |
| OtoO | オンラインとオフラインとの間の連携・融合。「Online to Offline」の略。 | 電子割引クーポン 価格比較サイト |

経営戦略（ビジネスインダストリ）

### エスクローサービス
電子商取引で売り手と買い手との間に第三者の業者が入り、取引成立後にお金と商品の受け渡しを仲介するサービスのこと。

### ロングテール
多くの商品を低コストで扱える電子商取引において、主力商品の大量販売に依存しなくても、ニッチ（隙間）を狙った商品の多品種少量販売で大きな利益を出すことができるという考え方のこと。

### EDI
ネットワークを利用して、企業間における商取引のための電子データを交換する仕組みのこと。「電子データ交換」ともいう。
「Electronic Data Interchange」の略。

#### Let's Try【31】
次のうち、エスクローサービスの利点として、最も適切なものはどれか。
ア　オンラインモールで、現金を使用しないで手軽に代金を支払うことができる。
イ　受発注システムで、企業間での電子データの交換を容易に行うことができる。
ウ　オンラインモールで、少量販売でも多品種を販売することによって、大きな利益を出すことができる。
エ　オンラインモールで、売り手と買い手の間で第三者が仲介することによって、代金の受け渡しの安全性を高めることができる。

ストラテジ系 | マネジメント系 | テクノロジ系

## 25 キャッシュレス決済

重要度 ★★★

> キャッシュレス決済や、それを支える通貨、取組み・サービスなどを理解しましょう。

### ●キャッシュレス決済
物理的な現金（紙幣・硬貨）を使用しないで代金を支払うこと。支払いのタイミングには、電子マネーに代表されるあらかじめお金を入金して使う「前払い」、買い物時に口座から引き落とされるデビットカードの「即時払い」、クレジットカードの「後払い」がある。

### ●仮想通貨
紙幣や硬貨のように現物を持たず、ディジタルデータとして取引する通貨のこと。「暗号資産」ともいう。世界中の不特定の人と取引ができる。ブロックチェーンという技術をもとに実装されている。交換所や取引所と呼ばれる事業者（暗号資産交換業者）から購入でき、一部のネットショップや実店舗などで決済手段としても使用できる。

### ●フィンテック（FinTech）
金融にICTを結び付けた、様々な革新的な取組みやサービスのこと。「ファイナンス（Finance：金融）」と「テクノロジ（Technology：技術）」を組み合わせた造語である。
例として、スマートフォンを利用した送金（入金・出金）サービスや、AI（人工知能）を活用した資産運用サービスなどがある。

---

**Let's Try【32】**
預金者の資産を、AIを活用することで資産運用するなど、金融における革新的な取組み・サービスのことを何というか。

ア ICT　　　　イ HRTech　　　　ウ FinTech　　　　エ ITIL

経営戦略（ビジネスインダストリ）

# 26 広告

重要度 ★★★

代表的な広告の特徴を理解しましょう。

## ●代表的な広告
代表的な広告には、次のようなものがある。

| 種類 | 説明 |
| --- | --- |
| オプトインメール広告 | あらかじめ同意を得たユーザに対して送信する電子メールに掲載される広告のこと。 |
| オプトアウトメール広告 | あらかじめ同意を得ていないユーザに対して送信する電子メールに掲載される広告のこと。 |
| レコメンデーション | 過去の購入履歴などからユーザの好みを分析し、ユーザごとに興味を持ちそうな商品やサービスを推奨する広告のこと。オンラインモールなどでユーザごとに異なるトップページが表示されるものはこれに該当する。 |
| ディジタルサイネージ | ディスプレイを使って情報を発信する広告媒体のこと、またはそれを実現するためのシステムのこと。屋外や商業施設、交通機関内などで案内や広告として利用される。ビルの壁面に設置された大型のものから、電車内の小型のものまで様々なタイプがある。情報を発信するシステムには、ネットワークに接続して情報を発信するタイプと、スタンドアロン（ネットワークに接続しないで処理する）のタイプがある。 |

### SEO
自社のWebサイトが検索サイトの検索結果の上位に表示されるように対策をとること。閲覧の可能性が増え、宣伝効果が期待できる。「検索エンジン最適化」ともいう。「Search Engine Optimization」の略。

### Let's Try 【33】
交通機関や店頭などで、ネットワークに接続したディスプレイから発信される広告はどれか。

ア ディジタルディバイド　　　イ ディジタルサイネージ
ウ ディジタルフォレンジックス　エ ディジタル署名

マネジメント系  テクノロジ系

## 27 IoT

重要度 ★★★

> IoTとは何か、どのように使われているかを理解しましょう。また、代表的なシステムにはどのようなものがあるかを確認しましょう。

### ●IoT

コンピュータなどのIT機器だけではなく、産業用機械・家電・自動車から洋服・靴などのアナログ製品に至るまで、ありとあらゆるモノをインターネットに接続する技術のこと。「モノのインターネット」ともいう。「Internet of Things」の略。センサを搭載した機器や制御装置などが直接インターネットにつながり、それらがネットワークを通じて様々な情報をやり取りする仕組みを持つ。
活用例には、次のようなものがある。

> ▶ウェアラブル端末（身に付けて利用できる携帯情報端末）を利用して、保険加入者の歩数や消費カロリーを計測する。それらのデータを分析し、健康改善の度合いに応じて保険料割引などを実施する。
> ▶牛の首に取り付けたウェアラブル端末から、リアルタイムに牛の活動情報を取得してクラウド上のAIで分析する。繁殖に必要な発情情報、疾病兆候など注意すべき牛を検出し、管理者へ提供する。
> ▶病院のベッドのマットレスの下にセンサを設置し、入院患者の心拍数・呼吸数・起き上がり・離床などの状況を一元管理し、医師・看護師を支援する。

#### Let's Try【34】
IoTの事例として、適切なものはどれか。
ア ソフトウェアのロボットを利用して、定型的な処理の一部を実現する。
イ 電子商取引で売り手と買い手との間に入り、取引成立後にお金と商品の受け渡しを仲介する。
ウ 動画による教材がインターネットで配信され、いつでもどこでも授業を受けられる。
エ 病院のベッドに設置したセンサによって、入院患者の健康状態を把握し、医師・看護師を支援する。

経営戦略（ビジネスインダストリ）

## ●IoTシステム

IoTを利用したシステムのこと。通信機能を持たせた、あらゆるモノをインターネットに接続することで、自動認識や遠隔計測を可能とし、大量のデータを収集・分析して高度な判断や自動制御をする。このシステムで用いられている代表的なIoT機器や技術などには、次のような様々なものがある。

| 種類 | 説明 |
| --- | --- |
| ドローン | 遠隔操縦ができる小型の無人航空機のこと。元々は軍事目的で利用されていたが、現在では民間用・産業用の製品が多く販売されている。カメラや各種センサを搭載している。産業用の用途として、農薬の散布や、工事現場での空中からの測量などがある。 |
| コネクテッドカー | インターネットや各種無線などを通じて、様々なモノや人と、情報を双方向で送受信できる自動車のこと。自動車と車外（道路）にあるインフラとの間で通信する「路車間通信」や、自動車と別の自動車との間で直接無線通信する「車車間通信」により、渋滞情報の取得や衝突回避などの協調型の運転支援ができるようになる。 |
| スマートファクトリー | 工場内のあらゆるモノがつながり、自律的に最適な運営ができる工場のこと。広くIoTが利用された工場であり、具体的には、製造設備や仕掛中の部品、原材料や製品在庫の数量、生産計画など、工場内のあらゆるモノ・情報を取り込み、それらをAIなどで処理することで、最適な生産や運営を実現する。 |

### IoT機器
通信機能をもたせた、ありとあらゆるモノに相当する機器のこと。

### スマートシティ
都市内や地域内のあらゆるものがつながり、自律的に最適な機能やサービスを実現する都市や地域のこと。ICTを活用して、都市や地域の機能やサービスを効率化・高度化し、人口減少や高齢化などによって起こる様々な課題の解決や活性化の実現を目指す。

### Society 5.0（ソサエティ 5.0）
サイバー空間（仮想空間）とフィジカル空間（現実空間）を高度に融合させたシステムにより、経済発展と社会的課題の解決を両立する、人間中心の社会のこと。政府が提唱するもの。

ストラテジ系 | マネジメント系 | テクノロジ系

## 28 業務プロセスのモデリング手法

重要度 ★★★

> 業務プロセス（業務の流れ）をモデリング（可視化）する代表的な手法を理解し、業務プロセスを読み取れるようになりましょう。

### ●E-R図

エンティティ（Entity：実体）とリレーションシップ（Relationship：関連）を使ってデータの関連を図で表現するモデリング手法のこと。エンティティは、いくつかのアトリビュート（Attribute：属性）を持つ。「Entity Relationship Diagram」の略。

リレーションシップの種類には、「1対1」、「1対多」、「多対多」の3種類がある。

例：顧客、受注、商品についての関連をE-R図で表した場合

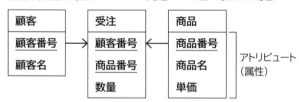

---

**Let's Try【35】**

E-R図で表現できることとして、最も適切なものはどれか。

ア データの一覧　　　　　イ データの階層関係
ウ データの流れ　　　　　エ データの相互関係

# システム戦略（システム戦略）

## ●DFD

データフロー、プロセス、データストア、外部の4つの要素を使って、業務やシステムをモデリングし、業務の流れをデータの流れとして表現するモデリング手法のこと。「Data Flow Diagram」の略。

| 記号 | 名称 | 意味 |
| --- | --- | --- |
| → | データフロー | データや情報の流れを表現する。 |
| ○ | プロセス（処理） | データの処理を表現する。 |
| ═ | データストア（ファイル） | データの蓄積を表現する。 |
| □ | 外部（データの源泉／データの吸収） | データの発生源や行き先を表現する。 |

**例**：顧客から商品を受注してから出荷するまでの処理をDFDで表した場合

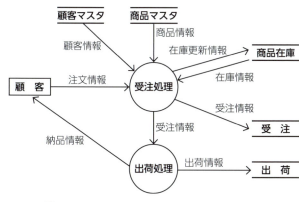

### More

**BPMN**
11個の基本要素を用いて、業務の流れを表現するモデリング手法のこと。業務の関係者が、共通で理解しておくべき業務の実行手順、役割分担、関係者間のやり取りなど、統一的な表記方法で視覚化することができる。「Business Process Modeling Notation」の略。

ストラテジ系 マネジメント系 テクノロジ系

## 29 業務プロセスの分析・改善

重要度 ★★★

> 業務プロセスの分析・改善の考え方や取組みには、どのようなものがあるかを理解しましょう。

### ●BPR
業務プロセスを抜本的に見直して、商品・サービスの品質向上やコストダウンを図り、飛躍的に業績を伸ばそうとする考え方のこと。「Business Process Reengineering」の略。日本語では「ビジネスプロセス再構築」の意味。

### ●BPM
業務プロセスの問題発見と改善を継続的に進めようとする考え方のこと。「Business Process Management」の略。日本語では「ビジネスプロセス管理」の意味。

### ●RPA
従来、人間が行っていたPCの定型業務を、ソフトウェアを使って自動化・効率化する取組みのこと。具体的には、Webブラウザを使った情報の閲覧や取得、表計算ソフトへの書込み、社内情報システムへの入力などについて、単独の業務だけではなく、それぞれを組み合わせた一連の業務フローとして自動化・効率化する。「Robotic Process Automation」の略。
「Robotic」という言葉が使われているが、実体のあるロボットではなく、ソフトウェアで作られた仮想ロボットのことを指す。

---

**Let's Try【36】**

RPAの事例として、適切なものはどれか。

ア 人が行っていた定型的な事務作業を抜本的に見直して改善し、飛躍的に業績を伸ばす。
イ 人が行っていた定型的な事務作業の問題を発見し、改善するという取組みを継続的に行う。
ウ 人が行っていた定型的な事務作業を、ハードウェアで実現したロボットに代替させて自動化・効率化する。
エ 人が行っていた定型的な事務作業を、ソフトウェアで実現したロボットに代替させて自動化・効率化する。

システム戦略（システム戦略）

## 30 コミュニケーションのツール・形式

重要度 ★★☆

コミュニケーションのツールや形式にどのようなものがあるかを理解しましょう。

### ●コミュニケーションのツール

コミュニケーションを円滑に行うツールには、次のようなものがある。

| ツール | 特徴 |
|---|---|
| 電子メール | インターネットを介して、世界中の人とメッセージをやり取りできるもの。「E-mail」ともいう。 |
| ブログ | Web上に記録(log)を残すという意味であり、日記を書くように、簡単に記事を作成してインターネット上に公開できるもの。公開された記事に、読んだ人がコメントを付けたり、記事をリンクさせたりして多くの人とコミュニケーションを取ることができる。 |
| SNS | 友人、知人間のコミュニケーションの場を提供するコミュニティ型の会員制Webサイトのこと。居住地域や出身校が同じ人同士などの交流の場として活用できる。「Social Networking Service」の略。 |
| シェアリングエコノミー | モノやサービス、場所などの資産や資源を、多くの人と共有・有効利用する社会的な概念のこと、またはそのような概念のもとに展開されるサービスのこと。日本語では「共有経済」の意味。 |

**トラックバック**
ブログの機能のひとつで、ある記事から別の記事に対してリンクを設定したときに、リンク先となった別の記事からリンク元の記事へのリンクが自動的に設定される仕組みのこと。なお、リンク先に対しては、リンクが設定されたことを通知する。

**ワークフロー**
事務処理などをルール化・自動化することによって、円滑に業務が流れるようにする仕組み、またはシステムのこと。

| ストラテジ系 | マネジメント系 | テクノロジ系 |

**Let's Try 【37】**

モノ・サービス・場所などの資産や資源を、多くの人と共有・有効利用する社会的な概念のことを何というか。

ア ブログ　　　　　　　　　　　　イ SNS
ウ シェアリングエコノミー　　　　エ トラックバック

## ●コミュニケーションの形式

コミュニケーションの形式には、次のようなものがある。

| 形式 | 内容 |
|------|------|
| プッシュ型 | 特定の人に情報を送信すること。電子メールやボイスメールなどが該当する。 |
| プル型 | 自分の意思で必要な情報にアクセスすること。イントラネットサイトなどが該当する。 |
| 相互型 | 2人以上の参加者が情報を交わすこと。テレビ会議などが該当する。 |

**More**

**テレワーク**

ICTを活用して時間や場所の制約を受けずに、柔軟に働く労働形態のこと。「tele（遠い・離れた）」と「work（働く）」を組み合わせた造語である。

**BYOD**

従業員が私的に保有する情報機器（PCや携帯情報端末など）を、企業内の業務のために使用すること。端末の導入コストを削減できる一方で、マルウェアに感染するリスクや、情報漏えいのリスクなどが増大する。「Bring Your Own Device」の略。

**Let's Try 【38】**

ICTを活用して時間や場所の制約を受けずに働く形態として、適切なものはどれか。

ア テレワーク　　　　　　　　　イ シェアリングエコノミー
ウ トラックバック　　　　　　　エ ブログ

システム戦略(システム戦略)

## 31 ソリューションの形態

重要度 ★★★

> ソリューションにはどのような形態があるのかを理解しましょう。

### ●ソリューション
IT(情報技術)を利用した問題解決のこと。ソリューションのひとつにシステム開発がある。

システム開発にあたっては、目標とするシステム内容や規模、自社内の体制や環境、開発にかかる費用などを総合的に考慮し、自社で開発するか外部の専門業者に委託するかなどを検討する。

### ●代表的なソリューションの形態
代表的なソリューションの形態には、次のようなものがある。

| 種類 | 説明 |
| --- | --- |
| クラウドコンピューティング | インターネットを通じて必要最低限の機器構成でサービスを利用する形態のこと。インターネット上にあるソフトウェアやハードウェアなどを、物理的な存在場所を意識することなく利用できる。代表的なサービスには、SaaSやIaaS、PaaS、DaaSなどがある。 |
| SaaS | インターネットを利用して、ソフトウェアの必要な機能を利用する形態のこと。ソフトウェアの必要な機能だけを利用し、その機能に対して料金を支払う。「Software as a Service」の略。 |
| IaaS | インターネットを利用して、情報システムの稼働に必要なサーバ、CPU、ストレージ、ネットワークなどのインフラを利用する形態のこと。これにより、企業はハードウェアの増設などを気にする必要がなくなる。「Infrastructure as a Service」の略。 |
| PaaS | インターネットを利用して、アプリケーションソフトウェアが稼働するためのハードウェアやOS、データベースソフトなどの基盤(プラットフォーム)を利用する形態のこと。これにより、企業はプラットフォームを独自で用意する必要がなくなり、ハードウェアのメンテナンスや障害対応などを任せることもできる。「Platform as a Service」の略。 |

**ストラテジ系** | マネジメント系 | テクノロジ系

| 種類 | 説明 |
|---|---|
| DaaS | インターネットを利用して、端末のデスクトップ環境を利用する形態のこと。OSやアプリケーションソフトウェアなどはすべてサーバ上で動作するため、利用者の端末には画面を表示する機能と、キーボードやマウスなどの入力操作に必要な機能だけを用意する。「Desktop as a Service」の略。 |
| ASPサービス | インターネットを利用して、ソフトウェアを配信するサービスのこと。利用料金は、ソフトウェアを利用した時間などで課金される。ソフトウェアのインストール作業やバージョン管理などを社内で行う必要がなくなるため、運用コストを削減し、効率的に管理できる。「ASP」とは、このサービスを提供する事業者のこと。「Application Service Provider」の略。 |
| SOA | ソフトウェアの機能や部品を独立したサービスとし、それらを組み合わせてシステムを構築する考え方のこと。「サービス指向アーキテクチャ」ともいう。サービスを個別に利用したり、組み合わせて利用したりして、柔軟にシステムを構築できる。「Service Oriented Architecture」の略。 |

### オンプレミス
サーバやデータベースなどの自社の情報システムを、自社が管理する設備内で運用する形態のこと。近年広く普及しているクラウドコンピューティングと対比して使われる。

### PoC
新しい概念や技術などが実現可能かどうかを、実際に調べて証明すること。「Proof of Concept」の略。日本語では「概念実証」や「実証実験」の意味。

---

**Let's Try 【39】**
クラウドコンピューティングのひとつで、ソフトウェアの必要な機能を利用するサービス形態のことを何というか。
ア SaaS　　　イ IaaS　　　ウ PaaS　　　エ DaaS

**Let's Try 【40】**
新しい技術を実証することとして、適切なものはどれか。
ア SoE　　　イ SoR　　　ウ PoC　　　エ PoE

システム戦略（システム戦略）

## 32 IT化の推進

IT化の推進において必要となる能力や変革などについて理解しましょう。

### ●情報リテラシ
情報を使いこなす能力のこと。具体的に次のような能力を指す。

> ▶コンピュータやアプリケーションソフトウェアなどの情報技術を活用して情報収集できる。
> ▶収集した情報の中から、自分にとって必要なものを取捨選択できる。
> ▶自分でまとめた情報を発信できる。
> ▶収集した情報を集計してその結果を分析できる。
> ▶収集した情報から傾向を読み取れる。

### ●ディジタルディバイド
コンピュータやインターネットなどを利用する能力や機会の違いによって、経済的または社会的な格差が生じること。日本語では「情報格差」の意味。
例えば、コンピュータやインターネットなどの情報ツールを利用できないことにより、不利益を被ったり、社会参加の可能性を制限されてしまったりなど、情報収集能力の差が不平等をもたらす結果となる。

### ●デジタルトランスフォーメーション（DX）
様々な活動についてIT（情報技術）をベースに変革することであり、特に企業においては、ITをベースに事業活動全体を再構築すること。ディジタルの技術が生活を変革することを意味する。

> **Let's Try【41】**
> デジタルトランスフォーメーションの説明として、最も適切なものはどれか。
> ア ディジタルの技術が生活を変革すること。
> イ ディジタルの技術がシステムの高速化を実現すること。
> ウ 業務プロセスの改善が生活を変革すること。
> エ 新製品の開発や新たな発明が生活を変革すること。

ストラテジ系 | マネジメント系 | テクノロジ系

## 33 蓄積されたデータの活用

重要度 ★★☆

> 巨大かつ複雑なデータ群や、そのデータ群に関連する技術や学問分野を理解しましょう。

### ●ビッグデータ

これまで一般的だったデータベース管理システムでは取扱いが困難な巨大かつ複雑なデータ群のこと。大量・多種多様な形式・リアルタイム性などの特徴を持つデータで、その特徴を「**4V**」という概念で示す。

> **More**
>
> **4V**
> ビッグデータを特徴付ける概念のこと。データに価値をもたらすものを意味し、「Volume(量:膨大なデータ)」、「Variety(多様性:テキストや画像など多様なデータ)」、「Velocity(速度:リアルタイムで収集されるデータ)」「Veracity(正確性:データの矛盾を排除した正確なデータ)」を指す。

### ●ビッグデータに関連する技術・学問分野

ビッグデータに関連する技術や学問分野には、次のようなものがある。

| 種類 | 説明 |
| --- | --- |
| データマイニング | 蓄積された大量のデータを分析して、新しい情報を得ること。例えば、「日曜日にAという商品を購入する男性は同時にBも購入する」など、複数の項目での相関関係を発見するために利用される。 |
| テキストマイニング | 大量の文書(テキスト)をデータ解析し、有益な情報を取り出す技術のこと。ビッグデータにおいてテキスト情報はインターネット上のWebサイト・ブログ・SNSなどに膨大な量が存在するが、出現頻度や出現傾向、出現タイミング、相関関係などを分析することにより、価値のある情報を取り出すことができる。 |

# システム戦略（システム戦略）

| 種類 | 説明 |
| --- | --- |
| データサイエンス | ビッグデータの大量のデータの中から、何らかの価値のある情報を見つけ出すための学問分野のこと。数学、統計学、情報工学、計算機科学などと関連した分野であり、企業のマーケティングなどビジネス分野をはじめ、医学・生物学・社会学・教育学・工学など、幅広い分野で活用される。 |

> **More**
>
> **データサイエンティスト**
> データサイエンスの研究者や、マーケティングなど企業活動の目的のためにデータサイエンスの技術を活用する者のこと。

**Let's Try【42】**

ビッグデータを解析して、新たなサービスや価値を生み出すためのアイディアを抽出する役割が重要になっている。その役割を担う人材として、最も適切なものはどれか。

ア システム監査人
イ データサイエンティスト
ウ ネットワークスペシャリスト
エ 情報処理安全確保支援士

ストラテジ系 マネジメント系 テクノロジ系

## 34 調達における依頼内容

重要度 ★★★

☑ 調達にあたって、発注先の候補となる企業に依頼する内容を理解しましょう。

### ●調達
業務の遂行に必要な製品やサービスを取りそろえるための購買活動のこと。システム化を推進する際には、システム化に必要なハードウェアやソフトウェア、ネットワーク機器、設備などを調達する必要がある。

### ●情報提供依頼(RFI)
システムベンダなどの発注先の候補となる企業に対して、システム化に関する情報提供を依頼すること、またはそのための文書のこと。「Request For Information」の略。
システム化に必要なハードウェアやソフトウェアなどの技術情報、同業他社の構築事例、運用・保守に関する情報などを広く収集することができる。

### ●提案依頼書(RFP)
システム化を行う企業が、システムベンダなどの発注先の候補となる企業に対して、具体的なシステム提案を行うように依頼する文書のこと。「Request For Proposal」の略。
システム概要、目的、必要な機能、求められるシステム要件、契約事項などのシステムの基本方針を盛り込む。発注先の候補となる企業への提案依頼という役割のほかに、事前にシステム要件を明らかにすることで、実際の開発段階に入ってからの混乱を未然に防止する役割も担っている。

> **Let's Try【43】**
> 情報システム開発を検討している企業が、システムベンダに提案を求めるために提示する文書のことを何というか。
> ア RPA　　　　イ RFC　　　　ウ RFI　　　　エ RFP

# 3日目

マネジメント系の「開発技術」と「プロジェクトマネジメント」と「サービスマネジメント」、テクノロジ系の「基礎理論」を集中的に学習します。

## 開発技術
- システム開発技術
- ソフトウェア開発管理技術

## プロジェクトマネジメント
- プロジェクトマネジメント

## サービスマネジメント
- サービスマネジメント
- システム監査

## 基礎理論
- 基礎理論
- アルゴリズムとプログラミング

| ストラテジ系 | **マネジメント系** | テクノロジ系 |

## 35 システム開発の手順

重要度 ★☆☆

> システム開発は、どのような手順で実施するのかを理解しましょう。

### ●システム開発の手順

システム開発の一般的な手順は、次のとおり。

| 要件定義 | システムに要求される機能を整理する。 |

| システム設計 | システムを設計する。 |

| 開発<br>(プログラミング) | システムを開発する。作成した個々のプログラムは「単体テスト」を行い、それぞれの動作を検証する。 |

| テスト | 単体テストが済んだ個々のプログラムを結合して、「結合テスト」→「システムテスト」→「運用テスト」の順番で、システム全体が正常に動作するかを確認する。 |

| 導入・受入れ | 完成したシステムを導入し、そのシステムが要求どおりに動作するかを検証する。 |

| 運用・保守 | 利用者(システム利用部門)が実際にシステムを運用し、不都合があれば改善する。 |

### Let's Try【44】

システム開発の手順として、適切なものはどれか。

ア 要件定義→システム設計→テスト→開発→導入・受入れ→運用・保守
イ 要件定義→開発→システム設計→テスト→運用・保守→導入・受入れ
ウ 要件定義→システム設計→開発→テスト→導入・受入れ→運用・保守
エ 要件定義→システム設計→開発→テスト→運用・保守→導入・受入れ

開発技術（システム開発技術）

# 36 要件定義とシステム設計

重要度 ★★★

要件定義とシステム設計には、どのようなものがあるかを理解しましょう。

## ●要件定義

システムや業務全体の枠組み、システム化の範囲、システムを構成するハードウェアやソフトウェアに要求される機能や性能などを決定すること。利用者（システム利用部門）の要望を調査・分析し、技術的に実現可能かどうかを判断し、その後、要望の実現に向けた要件を細かく定義する。

要件定義には、次のようなものがある。

| 種類 | 説明 |
| --- | --- |
| 業務要件定義 | システム化の対象となる業務について、業務を遂行するうえで必要な要件を定義すること。それぞれの業務プロセスが、どのような目的で、いつ、どこで、誰によって、どのような手順で実行されているかを明らかにする必要がある。 |
| システム要件定義 | システム化するにあたって、システムに要求される機能や性能を定義すること。一般的に、システムに実装すべき機能、性能（応答時間など）、信頼性（稼働時間や稼働条件など）、安全性（障害発生時の対処方法や保守など）に関する要件などを規定する。 |

### 機能要件
利用者（システム利用部門）の要求事項や現行業務を合わせて分析し、システムに実装すべき機能を具体化した、システムの動作や処理内容の要件のこと。

### 非機能要件
システムに実装すべき具体的な機能の要件ではなく、処理時間やセキュリティ対策など、システムを設計するうえで考慮すべき機能以外の要件のこと。

## ストラテジ系　**マネジメント系**　テクノロジ系

> **Let's Try【45】**
> 非機能要件に該当するものはどれか。
> ア　システムで利用する入出力データの内容
> イ　障害発生時に許容する復旧時間
> ウ　入力画面のインタフェースの内容
> エ　システムの更新履歴として保持する内容

## ●システム設計

要件定義に基づき、システムを設計する。システム設計の手順は、次のとおり。

| | |
|---|---|
| システム方式設計<br>（外部設計） | ハードウェアなどのシステムの方式を具体的に設計する。要件をハードウェア構成、ソフトウェア構成、手作業に分割する。利用者（システム利用部門）が主体となり、システム開発部門と共同で実施する。 |

| | |
|---|---|
| ソフトウェア要件定義<br>（外部設計） | 開発するソフトウェア要件について、利用者から見える部分を設計する。システムのインタフェースを設計したり、取り扱うデータを洗い出したりする。利用者（システム利用部門）が主体となってシステム開発部門と共同で実施する。 |

| | |
|---|---|
| ソフトウェア方式設計<br>（内部設計） | システムに必要な内部機能を設計する。プログラミングを行う観点から設計する。システム開発部門が実施する。 |

| | |
|---|---|
| ソフトウェア詳細設計<br>（プログラム設計） | プログラム内の構造を設計する。プログラム内の機能詳細を定義したり、データベースへのアクセス方法（SQL文）などプログラム構造の細かい処理単位を設計したりする。システム開発部門が実施する。 |

開発技術（システム開発技術）

**品質特性**

ソフトウェアの品質を評価する基準となるものであり、ソフトウェアの品質を高めるうえで重要な指標となる。品質特性には、次のようなものがある。

| 品質特性 | 説明 |
| --- | --- |
| 機能適合性 | 必要な機能が適切に盛り込まれているかどうかの度合い。 |
| 信頼性 | 継続して正しく動作するかどうかの度合い。 |
| 使用性 | 使いやすいか（操作性がよいか）どうかの度合い。 |
| 性能効率性 | 求められる応答時間や、どれくらい少ない資源で動作するかどうかの度合い。 |
| 保守性 | 修正がしやすいか（修正の影響範囲が少ないか）どうかの度合い。 |
| 移植性 | 簡単に別環境に移せるかどうかの度合い。 |

### Let's Try【46】

品質特性のうち、保守性に該当するものはどれか。

ア 必要な機能が適切に盛り込まれているかどうか。
イ 継続して正しく動作するかどうか。
ウ 使いやすいか（操作性がよいか）どうか。
エ 修正がしやすいか（修正の影響範囲が少ないか）どうか。

ストラテジ系 | **マネジメント系** | テクノロジ系

## 37 テスト

重要度 ★★☆

☑ テストの種類と特徴を理解しましょう。

### ●単体テスト

個々のモジュール（プログラムを構成する最小単位）が決められた仕様どおりに機能するかどうかを検証するテストのこと。システム開発部門が実施する。次のようなテスト技法が使われる。

| テスト技法 | 説明 |
| --- | --- |
| ホワイトボックステスト | プログラムの制御や流れに着目し、プログラムの内部構造や論理をチェックする。 |
| ブラックボックステスト | 入力データに対する出力結果について着目し、機能が仕様書どおりかをチェックする。 |

> **More**
> 
> **バグ**
> ソフトウェアに存在する間違い（欠陥）のこと。テストで発見し、修正することでソフトウェアの品質を高めていく。

### ●結合テスト

モジュールやプログラムを結合して、ソフトウェア方式設計（内部設計）どおりに正しく実行できるかを検証するテストのこと。システム開発部門が実施する。次のようなテスト技法が使われる。

| テスト技法 | 説明 |
| --- | --- |
| トップダウンテスト | 上位のモジュールから順番にテストしていく。下位のモジュールが完成していない場合、上位のモジュールに呼び出される仮の下位モジュール「スタブ」を用意する。 |
| ボトムアップテスト | 下位のモジュールから順番にテストしていく。上位のモジュールが完成していない場合、下位のモジュールを呼び出す仮の上位モジュール「ドライバ」を用意する。 |

**開発技術**（システム開発技術）

## ●システムテスト

結合テストが完了したプログラムを結合して、機能全体がシステム方式設計（外部設計）で設計した要求仕様を満たしているかを検証するテストのこと。システム開発部門と利用者（システム利用部門）が協力して実施する。次のようなテスト技法が使われる。

| テスト技法 | 説明 |
|---|---|
| 性能テスト | レスポンスタイム（応答時間）やターンアラウンドタイム（すべての処理結果を受け取るまでの時間）、スループット（単位時間当たりの仕事量）などの処理性能が要求を満たしているかを検証する。 |
| 負荷テスト（ラッシュテスト） | 大量のデータの投入や同時に稼働する端末数を増加させるなど、システムに負荷をかけ、システムが耐えられるかを検証する。 |
| 回帰テスト（リグレッションテスト、退行テスト） | 各テスト工程で発見されたエラーを修正したり仕様を変更したりしたときに、ほかのプログラムに影響がないかを検証する。 |
| ペネトレーションテスト（侵入テスト） | 外部からの攻撃や侵入を実際に行ってみて、システムのセキュリティホール（セキュリティ上の不具合や欠陥）やファイアウォール（インターネットからの不正侵入を防御する仕組み）の弱点を検出する。 |

## ●運用テスト

実際の業務データを使用し、業務の実態に合ったシステムかどうか、操作マニュアルや運用マニュアルどおりに稼働できるかどうかを検証するテストのこと。利用者（システム利用部門）が主体となって実施する。

## ●受入れテスト

システムの受入れ時に、利用者（システム利用部門）の要求がすべて満たされているか、システムが正常に稼働するか、契約内容どおりにシステムが完成しているかなどを、利用者（システム利用部門）が確認するテストのこと。

---

**Let's Try【47】**

システムを受け入れる際、利用者側で実施するテストはどれか。

ア　単体テスト　　イ　結合テスト　　ウ　システムテスト　　エ　受入れテスト

| ストラテジ系 | マネジメント系 | テクノロジ系 |

# 38 ソフトウェア保守と ソフトウェア見積方法

重要度 ★★★

ソフトウェア保守の意味と、主なソフトウェアの見積方法を理解しましょう。

## ●ソフトウェア保守
システム稼働後に利用状況や稼働状況を監視し、システムの安定稼働、情報技術の進展や経営戦略の変化に対応するために、プログラムの修正や変更を行うこと。なお、システム稼働前のプログラムの修正や変更は、ソフトウェア保守には該当しない。

## ●ソフトウェア見積方法
ソフトウェアのコストを見積もる方法には、次のようなものがある。

| 種類 | 説明 |
| --- | --- |
| プログラムステップ法 | システム全体のプログラムのステップ数（行数）からシステムの開発工数や開発費用などを見積もる方法のこと。過去の類似システムの実績値から見積もる。「LOC（Lines Of Code）法」ともいう。 |
| ファンクションポイント法 | 入出力画面や使用するファイル、開発する機能の難易度などを数値化してシステムの開発工数や開発費用などを見積もる方法のこと。GUIやオブジェクト指向でのプログラム開発の見積りに向いている。「FP（Function Point）法」ともいう。 |
| 類推見積法 | 過去の類似した実績を参考に、システムの開発工数や開発費用などを見積もる方法のこと。類似性が高いほど、信頼性の高い見積りになる。 |

### Let's Try【48】
ソフトウェア保守に該当する例として、適切なものはどれか。

ア システムの結合テストの結果、モジュール間のインタフェースの不備を発見したので、プログラムを修正した。
イ システムの受入れテストの結果、システム障害を発見したので、プログラムを修正した。
ウ システム稼働後、システムの処理速度が遅くなり、サーバを置き換えた。
エ システム稼働後、システム障害に対応するために、プログラムを修正した。

開発技術（ソフトウェア開発管理技術）

## 39 ソフトウェア開発モデル

ソフトウェアの開発モデルにどのようなものがあるかを理解しましょう。

### ●アジャイル開発

システムをより早く、仕様変更に柔軟に対応し、効率よく開発する手法のこと。「アジャイルソフトウェア開発」、単に「アジャイル」ともいう。

開発期間を1〜2週間といった非常に短い期間に区切り、開発するシステムを小さな機能に分割する。この短い作業期間の単位を「イテレーション（イテレータ）」といい、この単位ごとに、開発サイクルを一通り行って1つずつ機能を完成させる。この単位を繰り返すことで、段階的にシステム全体を作成する。なお、この開発モデルでは、詳細な設計書の作成には手間をかけないように進めていく。

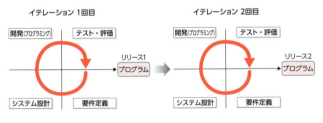

| ストラテジ系 | マネジメント系 | テクノロジ系 |

この開発モデルは基本的な考え方を示したものであり、具体的な開発手法として次のようなものがある。

| 開発手法 | 説明 |
|---|---|
| XP（エクストリームプログラミング） | 10人程度までの比較的少人数のチームで行われる、小規模のソフトウェア開発に適した手法のこと。特徴としては、設計よりもコーディングやテストを重視し、常にチームメンバやユーザのフィードバックを得ながら、修正や設計変更を行っていく点が挙げられる。「eXtreme Programming」の略。次のような「プラクティス」と呼ばれる実践的な技法が定義されている。 |

| 技法 | 説明 |
|---|---|
| ペアプログラミング | 2人のプログラマがペアとなり、共同で1つのプログラムを開発する。2人のプログラマは相互に役割を交替し、チェックし合うことで、コミュニケーションを円滑にし、プログラムの品質向上を図る。 |
| テスト駆動開発 | プログラムの開発に先立ってテストケース（テスト項目や条件）を記述し、そのテストケースをクリアすることを目標としてプログラムを開発する。 |
| リファクタリング | 外部からソフトウェアを呼び出す方法を変更せずに、ソフトウェアの中身（ソフトウェアコード）を変更することでソフトウェアを改善する。 |

| 開発手法 | 説明 |
|---|---|
| スクラム | ラグビーのスクラムから名付けられた、複雑で変化の激しい問題に対応するためのシステム開発のフレームワーク（枠組み）のこと。反復的（繰返し）かつ漸進的な（少しずつ進む）手法であり、開発チームを一体化して機能させることを重視する。開発を9人程度までの少人数で行い、最長4週間程度の「スプリント」と呼ばれる期間で固定し、この期間ごとに開発するプログラムの範囲を決定する。この単位で開発からレビュー、調整までを行い、常に開発しているプログラムの状況や進め方に問題がないか、コミュニケーションを取りながら進めていく。また、ユーザの要望の優先順位を柔軟に変更しながら開発を進めていく。 |

# 開発技術（ソフトウェア開発管理技術）

### DevOps
開発（Development）と運用（Operations）を組み合わせて作られた用語であり、ビジネスのスピードを止めないことを目的に、情報システムの開発チームと運用チームが密接に連携し、開発から本番移行・運用までを進めていくこと。

### ウォータフォールモデル
"滝が落ちる"という意味を持ち、システム開発を各工程に分割し、上流工程から下流工程へと各工程を後戻りせず順番に進めていく開発モデルのこと。前の工程が完了してから次の工程へ進む。システムの仕様変更やミスが発生した場合には、すでに完了している前の工程にも影響が及ぶことがあるため、やり直しの作業量が非常に多くなるという特徴がある。

## Let's Try【49】
アジャイル開発における、短い期間に区切った単位のことを何というか。

ア ペアプログラミング　　　　イ リファクタリング
ウ オペレーション　　　　　　エ イテレーション

## Let's Try【50】
アジャイル開発では、ユーザの意見を柔軟に取り入れて、開発を進めることができる。アジャイル開発の手法のひとつであるスクラムの特徴として、適切なものはどれか。

ア 2人で1つのプログラムを開発し、チェックし合ったり、コミュニケーションを円滑にしたりして品質を上げる手法である。
イ テストケースを先に記述し、それをクリアすることを目標にプログラムを開発する手法である。
ウ 外部からソフトウェアを呼び出す手法を変更せずに、ソフトウェアの中身を変更することでソフトウェアを改善する手法である。
エ 複雑で変化の激しい問題に対応するためのフレームワークであり、反復的かつ漸進的な手法である。

| ストラテジ系 | マネジメント系 | テクノロジ系 |

## 40 既存ソフトウェア解析と共通フレーム

重要度 ★★☆

> 既存ソフトウェアを解析する方法や、共通フレームの特徴を理解しましょう。

### ●リバースエンジニアリング

既存のソフトウェアを解析して、その仕組みや仕様などの情報を取り出すこと。システムの保守を確実に行うには、ソフトウェア設計書などの文書が必要になるが、その文書が存在しない場合に有効となる。

### ●共通フレーム

ソフトウェア開発において、企画、開発、運用、保守までの作業内容を標準化し、用語などを統一した共通の枠組み(フレーム)のこと。システム開発部門と利用者(システム利用部門)で共通の枠組みを持つことで、お互いの役割、業務範囲、作業内容、責任の範囲など取引内容を明確にし、誤解やトラブルが起きないように、双方が共通認識を持てるようになる。

代表的なものとして、ソフトウェアを中心としたソフトウェア開発と取引のための「SLCP (Software Life Cycle Process)」がある。

### ●CMMI

組織としてのソフトウェアの開発能力を客観的に評価するための指標のこと。成熟度を5段階のレベルで評価する。
「Capability Maturity Model Integration」の略。日本語では「能力成熟度モデル統合」の意味。

---

**Let's Try【51】**
既存のソフトウェアを解析することによって、仕様を取り出す手法のことを何というか。

ア ソーシャルエンジニアリング　　イ リバースエンジニアリング
ウ リエンジニアリング　　　　　　エ コンカレントエンジニアリング

プロジェクトマネジメント（プロジェクトマネジメント）

# 41 プロジェクトマネジメント

重要度 ★★★

> プロジェクトとは何か、プロジェクトマネジメントやその世界標準とはどのようなものかを理解しましょう。

## ●プロジェクト
一定期間に特定の目的を達成するために一時的に集まって行う活動のこと。日常的に繰り返される作業とは異なり、新しい情報システムや独自のサービスを開発するといった非日常的な活動である。始まりと終わりのある期限付きの活動であり、目的の達成後は解散する。

## ●プロジェクトマネジメント
プロジェクトの立上げから完了までの各工程を、スムーズに遂行するための管理手法のこと。
プロジェクトを立ち上げる際は、「プロジェクト憲章」と呼ばれるプロジェクトの認可を得るための文書を作成する。この文書には、プロジェクトの目的や概要、成果物、制約条件、前提条件、概略スケジュール、概算コストの見積りなどが含まれる。

### プロジェクトマネージャ
プロジェクトを管理し、統括する人のこと。プロジェクトメンバをまとめ、プロジェクトの進捗管理、作業工程の管理などを行う。

### プロジェクトマネジメントオフィス（PMO）
複数のプロジェクトを束ねて戦略的にマネジメントを行う専門の管理組織のこと。開発標準化など各プロジェクトのマネジメントを支援したり、要員調整など複数のプロジェクト間の調整をしたりする。
「Project Management Office」の略。

---

## Let's Try 【52】
プロジェクトを立ち上げる際に作成されるプロジェクトの認可を得るための文書のことを何というか。

ア　プロジェクト憲章　　　　　イ　プロジェクト計画書
ウ　プロジェクトスコープ記述書　エ　サービスレベル合意書

| ストラテジ系 | **マネジメント系** | テクノロジ系 |

## ● PMBOK

プロジェクトマネジメントに必要な知識を体系化したもの。プロジェクトマネジメントのデファクトスタンダードや世界標準ともいわれている。「Project Management Body Of Knowledge」の略。次のような10の知識エリアがある。

| 知識エリア | 内容 |
| --- | --- |
| プロジェクトスコープマネジメント | 成果物と作業範囲を明確にし、必要な作業を洗い出す。 |
| プロジェクトタイムマネジメント | 作業の工程やスケジュールを調整し、プロジェクトを期間内に完了させる。 |
| プロジェクトコストマネジメント | プロジェクトを予算内で完了させる。 |
| プロジェクト品質マネジメント | 品質目標を定め、品質検査を行う。 |
| プロジェクト人的資源マネジメント | プロジェクトメンバを調達し、育成する。 |
| プロジェクトコミュニケーションマネジメント | プロジェクトメンバ同士やチーム間の、意思疎通や情報共有などを図る。 |
| プロジェクトリスクマネジメント | リスクを想定し、回避方法や対処方法を決定する。 |
| プロジェクト調達マネジメント | 必要な資源を選定し、発注や契約を行う。 |
| プロジェクトステークホルダマネジメント | ステークホルダとの意思疎通を図り、プロジェクトへの適切な関与を促す。 |
| プロジェクト統合マネジメント | ほかの知識エリアを統括し、プロジェクト全体を管理する。 |

---

**Let's Try【53】**

プロジェクトマネジメントの知識を体系化したものであり、10の知識エリアから定義されているものはどれか。

ア PMO　　　　　イ PMBOK　　　　ウ ITIL　　　　エ CMMI

プロジェクトマネジメント（プロジェクトマネジメント）

## 42 プロジェクトスコープマネジメント

重要度 ★★★

> プロジェクトスコープマネジメントにおける成果物と作業範囲、その作業範囲を詳細に階層化した表現方法を理解しましょう。

### ●プロジェクトスコープマネジメント

プロジェクトの最終的な成果物（**成果物スコープ**）と、成果物を得るために必要な作業範囲（**プロジェクトスコープ**）を明確にし、プロジェクト全体を通じてこの2つの関係を管理していくこと。

### ●WBS

プロジェクトの作業範囲を詳細な項目に細分化（要素分解）し、階層化した図表のこと。「**作業分解構成図**」ともいう。
「Work Breakdown Structure」の略。
PMBOKにおけるすべての知識エリアの基盤となり、スケジュール、コスト、人的資源、品質などの計画、管理に活用される。

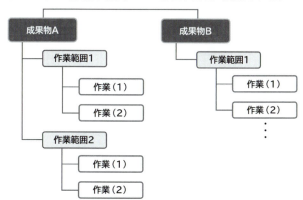

### Let's Try【54】
プロジェクトで実施する作業を洗い出し、これを階層構造で整理したものはどれか。

ア WPA　　　　イ W3C　　　　ウ WAN　　　　エ WBS

ストラテジ系　**マネジメント系**　テクノロジ系

## 43 プロジェクトタイムマネジメント

重要度 ★★★

> プロジェクトタイムマネジメントで使う日程計画から、最も作業日数のかかる経路を読み取れるようになりましょう。

### ●プロジェクトタイムマネジメント

プロジェクトを決められた期間内に完了させるため、作業の順序や、実行に必要な作業期間や経営資源などを見極めながら、精度の高いスケジュールの作成や管理を行うこと。

### ●アローダイアグラム

より良い作業計画を作成するための手法のひとつであり、作業の順序関係と必要な日数などを矢印で整理して表現する。これを使って、日程計画において全体の日程の中で最も作業日数のかかる経路である「クリティカルパス」を求めることができる。この経路のいずれかの作業に遅れが発生した場合、プロジェクト全体のスケジュールが遅れることになる。

例：次のアローダイアグラムにおけるクリティカルパスは、作業A→作業C→作業Eの9日間になる。

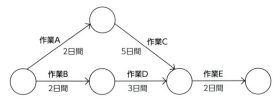

図のアローダイアグラムより、経路は2つ存在する。

　作業A→作業C→作業E：2日間＋5日間＋2日間
　　　　　　　　　　　　＝9日間・・・クリティカルパス
　作業B→作業D→作業E：2日間＋3日間＋2日間＝7日間

例：次のアローダイアグラムにおいて作業Cが3日間短縮できる場合、クリティカルパスは、作業B→作業D→作業Eの7日間になる。

## プロジェクトマネジメント（プロジェクトマネジメント）

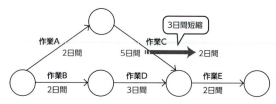

図のアローダイアグラムより、経路は2つ存在する。

作業A→作業C→作業E：2日間＋**2日間**＋2日間＝6日間

作業B→作業D→作業E：2日間＋3日間＋2日間
　　　　　　　　　　　＝7日間・・・**クリティカルパス**

**例**：次のアローダイアグラムにおけるクリティカルパスは、作業A→作業D→作業Gの14日間になる。

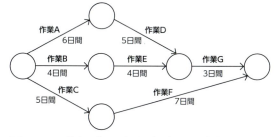

図のアローダイアグラムより、経路は3つ存在する。

作業A→作業D→作業G：6日間＋5日間＋3日間
　　　　　　　　　　　＝14日間・・・**クリティカルパス**

作業B→作業E→作業G：4日間＋4日間＋3日間＝11日間

作業C→作業F　　　　：5日間＋7日間＝12日間

### More

#### アローダイアグラムの表記

| 記号 | 意味 |
| --- | --- |
| → | 作業を表現する。矢印の上側に作業名、下側に所要日数を記載する。 |
| ○ | 作業と作業の間の結合点を表現する。 |
| ·····> | ダミー作業を表現する。所要日数はかからない作業で、順序だけを表現する。 |

ストラテジ系 | **マネジメント系** | テクノロジ系

# 44 サービスマネジメント

重要度 ★★★

☑ サービスマネジメントのフレームワーク（枠組み）や考え方を理解しましょう。

### ●サービスマネジメント
サービスの価値を提供するため、サービスの計画立案・設計・移行・提供、およびサービスの改善のための組織活動・資源を指揮・管理するための一連の能力やプロセスのこと。

### ●ITIL（アイティル）
ITサービス（IT部門が実施するサービス）を活用したビジネスを成功させるためのベストプラクティス（成功事例）をまとめたフレームワーク（枠組み）のこと。サービスマネジメントにおけるデファクトスタンダードとして活用されている。
「Information Technology Infrastructure Library」の略。

### ●サービスレベル合意書
提供するITサービスの品質と範囲を明文化し、ITサービスの提供者と利用者の合意に基づいて運用管理するために交わされる品質保証契約のこと。「SLA（Service Level Agreement）」ともいう。契約内容には、システムサービスの範囲、課金内容、問合せの受付時間、システム障害時の復旧目標時間などが含まれる。

### ●サービスレベル管理
契約したサービスレベルが守られているかどうかを計測し、サービスレベルの維持・向上を図る管理方法のこと。「SLM（Service Level Management）」ともいう。P（Plan：計測の計画）→D（Do：ITサービスの提供）→C（Check：計測・計測結果の評価）→A（Act：改善の検討・実施）のPDCAサイクルで管理する。

---

**Let's Try 【55】**
サービスマネジメントの成功事例をまとめたフレームワークはどれか。
ア SLA　　　イ SLM　　　ウ ISMS　　　エ ITIL

サービスマネジメント（サービスマネジメント）

# 45 サービスマネジメントシステム

サービスマネジメントシステムを構成する主な活動について理解しましょう。

## ●サービスマネジメントシステム

サービスマネジメントの活動を管理する仕組みのこと。インシデント管理やサービスデスクなど、様々な活動がある。
サービスマネジメントシステムの運用においては、PDCAサイクルを確立し、サービスの適切性、妥当性、有効性を継続的に改善することが必要となる。

## ●インシデント管理

ITサービスにインシデント（障害や事故、ハプニングなど）が発生した場合に、可能な限り迅速に通常のサービス運用の回復に努める活動のこと。

## ●問題管理

インシデントの原因を問題としてとらえ、原因を追求する活動のこと。

## ●構成管理

ITサービスを構成するハードウェアやソフトウェア、ネットワーク、ドキュメントなどの構成品目の情報（構成情報）を正確に把握し、より良いITサービスを提供するために維持していく活動のこと。

## ●変更管理

問題管理によって明らかになった解決策や、ライフサイクルに応じて必要になった構成の変更などについての変更要求を受け付け、それらを評価、実施していくための活動のこと。

## ●リリース管理

変更管理で決定した変更作業を行い、単に変更作業を行うだけでなく、変更後のITサービスの安定した提供を保証する活動のこと。

| ストラテジ系 | **マネジメント系** | テクノロジ系 |
|---|---|---|

## Let's Try【56】

インシデント管理に該当するものはどれか。

ア 障害が発生した場合、その根本原因を洗い出す。
イ 障害が発生した場合、一刻も早く復旧させる。
ウ 構成品目の情報を正確に把握する。
エ 変更作業を確実に行い、以後安定したサービス提供を行う。

### ● サービスデスク

利用者からの問合せに対応するための単一の窓口（SPOC）を提供し、サービス要求に対する管理活動を行うこと。「ヘルプデスク」ともいう。一般的には、製品の使用方法やサービスの利用方法、トラブルの対処方法、故障の修理依頼、クレームや苦情への対応など様々な問合せを受け付ける。受付方法は、電話や電子メール、FAXなど様々である。

この窓口業務に「チャットボット」を活用することにより、24時間365日、担当者に代わって問合せ業務を行うことができる。

> **More**
>
> #### チャットボット
> 「対話（chat）」と「ロボット（bot）」という2つの言葉から作られた造語であり、人間からの問いかけに対し、自動で対応を行うロボット（プログラム）のこと。一般的に、ユーザがWeb上に用意された入力エリアに問合せを入力すると、システムが会話形式で自動的に問合せに対応する。
> 最近では、「AI（人工知能）」を活用したものがあり、人間からの問いかけに対して日々学習を行い、新しい質問に対応できるように成長する。
>
> #### FAQ
> よくある質問とその回答を対として集めたもの。利用者に提供することで、利用者が問題を自己解決できるように支援する。
> 「Frequently Asked Questions」の略。
>
> #### エスカレーション
> 利用者からの質問、クレームや苦情などに担当者が対処できない場合に、上位者や管理者などに連絡し、対応を引き継ぐこと。

## Let's Try【57】

サービスデスクにおいて、電話や電子メールに加えて、Web上から自動回答できる受付方法も採用した。この採用した受付方法はどれか。

ア SLM　　イ FAQ　　ウ チャットボット　　エ エスカレーション

サービスマネジメント（サービスマネジメント）

# 46 ファシリティマネジメント

重要度 ★☆☆

ファシリティマネジメントの意味や、情報システムを守る機器にどのようなものがあるかを理解しましょう。

## ●ファシリティマネジメント

企業が保有するコンピュータやネットワーク、施設、設備などを維持・保全し、より良い状態に保つための考え方のこと。情報システムを最適な状態で管理することを目的とする。

地震・水害・落雷など自然災害への対策（無停電電源装置や自家発電装置の設置など）や、セキュリティ事故への対策（セキュリティワイヤの設置など）を行うことが重要である。また、窓の有無、空調、ノイズ、漏水・漏電など、機器の運用に障害となるものが発生していないかどうかを定期的に確認し、必要に応じて対策を講じる。

情報システムを守る機器には、次のようなものがある。

| 種類 | 説明 |
| --- | --- |
| 無停電電源装置（UPS） | 停電や瞬電時に電力の供給が停止してしまうことを防ぐための予備の電源のこと。「Uninterruptible Power Supply」の略。停電時は、バッテリーから電力を供給するが、供給できる時間は一般的に10～15分程度である。コンピュータと電源との間に設置することにより、停電や瞬電時に電力の供給を一定期間継続し、その間に速やかに作業中のデータを保存したり、システムを安全に停止させたりすることができる。 |
| 自家発電装置 | 停電などにより主電源が使えなくなった場合に、専用のコンセントから電力を供給する装置のこと。太陽光発電装置、風力発電装置、ディーゼル発電装置、ガス発電装置など複数の種類がある。 |
| セキュリティワイヤ | ノート型PCなどに取り付けられる、盗難を防止するためのワイヤのこと。ノート型PCなどの機器に装着し、机などに固定すると、容易に持出しができなくなるため、盗難防止に適している。 |

ストラテジ系　マネジメント系　テクノロジ系

## 47 システム監査

重要度 ★★★

☑ システム監査の目的や考え方を理解しましょう。

### ●システム監査
独立した第三者である「システム監査人」によって、情報システムを総合的に検証・評価し、その関係者に助言や勧告を行うこと。システム監査の目的は、情報システムを幅広い観点から調査し、情報システムにかかわるリスクが適切にコントロールされているか、情報システムを安全・有効・効率的に機能させているか、情報システムが経営に貢献しているかを判断することである。

> **More**
>
> **システム監査人**
> 情報システムについて監査を行う人のこと。情報システムに関する専門的な知識や技術、システム監査の実施能力を有すると同時に、被監査部門から独立した立場であることが求められる。

### ●システム監査のプロセス
システム監査は、「システム監査計画の策定」→「予備調査」→「本調査」→「システム監査報告書の作成」→「意見交換会」→「監査報告会」→「フォローアップ」という流れで実施する。

> **More**
>
> **フォローアップ**
> システム監査の結果を踏まえて行われる改善活動であり、改善の状況を確認し、改善の実現を支援すること。
>
> **監査証拠**
> 情報システムや利用情報のログ（アクセスした記録）、エラー状況のログなど、追跡調査ができるような情報のこと。これらを精査し、監査の目的である情報システムの信頼性、安全性、効率性などが確保されていることを証明する。

サービスマネジメント（システム監査）

# 48 内部統制

重要度 ★★★

☑ 企業が健全な運営を実現するための仕組みについて理解しましょう。

## ●内部統制
企業が業務を適正に行うための体制を自ら構築し、運用する仕組みのこと。仕組みの構築にあたっては、担当者間で相互に不正な行動を防止できるようにするために「**職務分掌**」を図る。また、この仕組みが正しく機能しているかどうかを評価するために「**モニタリング**」を行う。

> **More**
>
> **職務分掌**
> ひとつの職務（権限や職責）を複数の担当者に分離させることによって、権限や職責を明確にすること。これにより、担当者間で相互けん制（相互に不正な行動の防止）を働かせることができる。
>
> **モニタリング**
> 内部統制が正しく機能しているかどうかを評価すること。通常の業務に組み込まれて継続的に行われるモニタリング（日常的モニタリング）と、業務と関係のない第三者の視点から定期的に行われるモニタリング（独立的評価）がある。

## ●ITガバナンス
情報システムを活用するためのIT戦略を策定し、実行を統治する仕組みのこと。ITを効果的に活用して、経営戦略の実現を支援し、事業を成功へと導くことを目的としている。経営戦略とIT戦略の整合性が求められるため、経営陣や最高情報責任者（CIO：Chief Information Officer）のリーダシップのもと、組織全体で行う。

> **Let's Try【58】**
> ITガバナンスを策定し、実行を推進する責任者として、適切な者は誰か。
> ア 経営者　　　イ 従業員　　　ウ 株主　　　エ 顧客

| ストラテジ系 | マネジメント系 | **テクノロジ系** |

## 49　2進数と10進数

重要度 ★☆☆

> 2進数と10進数の違いや、基数変換の方法、2進数の加算や減算について理解しましょう。

### ● 2進数

「0」と「1」を組み合わせて数値を表現する方法のこと。コンピュータ内部で扱う形式である。人間が使う10進数との比較は、次のとおり。

| 2進数 | 0 | 1 | 10 | 11 | 100 | 101 | 110 |
|---|---|---|---|---|---|---|---|
| 10進数 | 0 | 1 | 2 | 3 | 4 | 5 | 6 |

| 2進数 | 111 | 1000 | 1001 | 1010 | 1011 | 1100 |
|---|---|---|---|---|---|---|
| 10進数 | 7 | 8 | 9 | 10 | 11 | 12 |

「101」と書いた場合、10進数との区別ができないため、次のように書いて区別する。

|  | 書き方 | 読み方 |
|---|---|---|
| 2進数 | $(101)_2$ | イチ、ゼロ、イチ |
| 10進数 | $(101)_{10}$ | ヒャクイチ |

**基数**
1桁で表現できる数のこと。例えば、10進数の場合は、1桁で「0」～「9」までの10個を表現できるので基数は「10」となる。2進数の場合は、1桁で「0」と「1」の2個を表現できるので基数は「2」となる。

**8進数**
「0」～「7」の数字を使って数値を表現する方法のこと。1桁で8個を表現できる。

**16進数**
「0」～「9」の数字と、「A」～「F」のアルファベットを使って数値を表現する方法のこと。1桁で16個を表現できる。

# 基礎理論（基礎理論）

## ●2進数の基数変換

ある進数から別の進数に置き換えることを「**基数変換**」という。コンピュータ内部で扱う2進数と、人間が使う10進数を基数変換する方法は、次のとおり。

| 基数変換 | 説明 |
| --- | --- |
| 2進数→10進数 | 下位から「$2^0$」「$2^1$」「$2^2$」「$2^3$」・・・の数に各桁の数をそれぞれ乗算し、それらを合計したものが10進数の数である。<br><br>例：$(1010)_2$は10進数に変換すると、$(10)_{10}$になる。<br>$\quad (\quad 1 \quad\quad 0 \quad\quad 1 \quad\quad 0 \quad )_2$<br>$= \; 2^3 \times 1 \; + \; 2^2 \times 0 \; + \; 2^1 \times 1 \; + \; 2^0 \times 0$<br>$= \; 8 \times 1 \; + \; 4 \times 0 \; + \; 2 \times 1 \; + \; 1 \times 0$<br>$= \quad 8 \quad + \quad 0 \quad + \quad 2 \quad + \quad 0$<br>$= \; (10)_{10}$<br><br>※nがどのような値でも$n^0=1$と定義されている。 |
| 10進数→2進数 | 10進数の数を商が「1」になるまで「2」で除算していき、矢印の順番に商と余りを並べたものが2進数の数である。<br><br>例：$(10)_{10}$は2進数に変換すると、$(1010)_2$になる。<br><br>$\quad 2\,)\,\underline{10}\;\;\cdots 0 \quad$ ← 余りを書く。<br>$\quad 2\,)\,\underline{\;5\;}\;\;\cdots 1$<br>$\quad 2\,)\,\underline{\;2\;}\;\;\cdots 0$<br>$\quad\quad\;\;\;\; 1 \quad\quad\quad$ ← 商が「1」になるまで、2で割る。 |

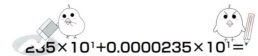

| ストラテジ系 | マネジメント系 | **テクノロジ系** |

## ●2進数の計算

2進数を加算・減算するときは、10進数と同じように桁をそろえて、下の桁から計算する。

| 基数変換 | 説明 |
|---|---|
| 2進数の加算 | 桁をそろえて下の桁から計算する。「1+1=10」で桁上げになることに注意しながら計算する。<br><br>例：$(1001)_2 + (011)_2$ を計算すると、$(1100)_2$ になる。<br><br>　　　**1 1** ← 桁上げ<br>　　　$(1001)_2$<br>　＋　　$(011)_2$<br>　　　$(1100)_2$ |
| 2進数の減算 | 桁をそろえて下の桁から計算する。「10−1=1」で桁下げになることに注意しながら計算する。<br><br>例：$(1001)_2 - (011)_2$ を計算すると、$(110)_2$ になる。<br><br>　　　**0 1** ← 桁下げ<br>　　　$(1\dot{0}01)_2$<br>　－　　$(011)_2$<br>　　　$(110)_2$ |

### Let's Try 【59】

2進数00110011と01011010を加算して得られる2進数はどれか。ここで、2進数は8ビットで表現するものとする。

ア 01110001　　イ 01111101　　ウ 10001101　　エ 10001111

# 基礎理論（基礎理論）

## 50 集合

重要度 ★☆☆

集合における命題、ベン図、論理式による表記、論理演算の種類、真理値表の関係について理解しましょう。

### ●集合

ある明確な条件に基づきグループ化されたデータの集まりのこと。集合は、文章表現した「命題」、図式化した「ベン図」、1（真）または0（偽）の組合せで行われる演算（論理演算）などによって、次のように表現される。

| 命題 | AまたはB | AかつB |
|---|---|---|
| ベン図 | (A∪B図) | (A∩B図) |
| 論理式による表記 | A+B | A・B |
| 論理演算の種類 | 論理和（OR） | 論理積（AND） |
| 真理値表 | A B A OR B<br>0 0 0<br>0 1 1<br>1 0 1<br>1 1 1 | A B A AND B<br>0 0 0<br>0 1 0<br>1 0 0<br>1 1 1 |

| 命題 | Aではない | AではないB または BではないA |
|---|---|---|
| ベン図 | (¬A図) | (XOR図) |
| 論理式による表記 | $\overline{A}$ | $\overline{A}\cdot B + A\cdot \overline{B}$ |
| 論理演算の種類 | 否定（NOT） | 排他的論理和（XOR） |
| 真理値表 | A NOT A<br>0 1<br>1 0 | A B A XOR B<br>0 0 0<br>0 1 1<br>1 0 1<br>1 1 0 |

ストラテジ系　マネジメント系　**テクノロジ系**

## 51 組合せ

重要度 ★★☆

> 組合せの意味を理解し、基本的な計算ができるようになりましょう。

● 組合せ

あるデータの集まりの中から、任意の個数を取り出すときの取り出し方の総数のこと。
異なるn個から任意のr個を取り出す組合せの数を$_nC_r$と表した場合、次の式で求めることができる。

$$_nC_r = \frac{_nP_r}{r!} = \frac{n \times (n-1) \times (n-2) \times \cdots \times (n-r+1)}{r!}$$

例：1、2、3、4、5、6の数字から4個の異なる数字を取り出す場合の取り出し方の総数は、15通りとなる。

$$_6C_4 = \frac{_6P_4}{4!} = \frac{6 \times 5 \times 4 \times 3}{4 \times 3 \times 2 \times 1} = 15 通り$$

例：参加者8人が1対1で連絡を取り合うために必要な経路の数は、28通りとなる。

$$_8C_2 = \frac{_8P_2}{2!} = \frac{8 \times 7}{2 \times 1} = 28 通り$$

参加者8人をA〜Hとして樹形図を使って表した場合でも、経路を合計して28通りであることがわかる。

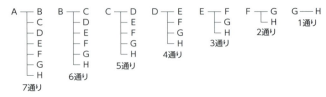

基礎理論（基礎理論）

## 52 情報量の単位

重要度 ★★★

情報量の単位を理解し、接頭語の種類と意味を覚えましょう。

### ●ビット
コンピュータ内部で扱うデータの最小単位のこと。1ビットの値は、「0」または「1」で表される。

### ●バイト
8ビットに相当する単位のこと。8ビットのことを1バイト（1B）という。

### ●接頭語
10の整数乗倍を表すときに使われるもの。それだけでは独立して使われず、ほかの単位と一緒に使われ、その単位の10の整数乗倍を表す。例えば、$10^6$を表す場合にはM（メガ）が使われ、$10^6$バイトを「10Mバイト（10MB）」のように表現する。
接頭語には、次のようなものがある。

| 接頭語 | 読み方 | 意味 |
|---|---|---|
| f | フェムト | $10^{-15}$ |
| p | ピコ | $10^{-12}$ |
| n | ナノ | $10^{-9}$ |
| μ | マイクロ | $10^{-6}$ |
| m | ミリ | $10^{-3}$ |

| 接頭語 | 読み方 | 意味 |
|---|---|---|
| k | キロ | $10^3$ |
| M | メガ | $10^6$ |
| G | ギガ | $10^9$ |
| T | テラ | $10^{12}$ |
| P | ペタ | $10^{15}$ |

### Let's Try【60】
情報量を表すときには接頭語が使われている。$10^{12}$を表すときに使われる接頭語はどれか。

ア M（メガ）　　イ G（ギガ）　　ウ T（テラ）　　エ P（ペタ）

106

## 53 リストへのデータの挿入・取出し

重要度 ★★☆

> リストに対して、データを挿入する方法と取り出す方法について理解しましょう。

### ●スタック

リスト(データのつながり)の最後にデータを挿入し、最後に挿入したデータを取り出すデータ構造のこと。「LIFOリスト」ともいう。「LIFO」とは後入先出法のことで、「Last-In First-Out」の略。

```
PUSH(n)：データ(n)を挿入する
POP    ：最後のデータを取り出す
```

```
PUSH (n) ──┐  ┌──▶ POP
           ▼  │    4→3→2→1の順で取り出す
         ┌─────┐
         │  4  │
         ├─────┤
         │  3  │
         ├─────┤
         │  2  │
         ├─────┤
         │  1  │
         └─────┘
```

### ●キュー

リストの最後にデータを挿入し、最初に挿入したデータを取り出すデータ構造のこと。「FIFOリスト」ともいう。「FIFO」とは先入先出法のことで、「First-In First-Out」の略。

```
ENQUEUE(n)：データ(n)を挿入する
DEQUEUE   ：最初のデータを取り出す
```

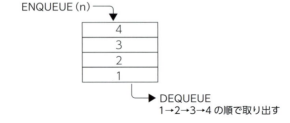

# 基礎理論（アルゴリズムとプログラミング）

## 54 マークアップ言語

重要度 ★★★

代表的なマークアップ言語の種類と特徴を理解しましょう。

### ●マークアップ言語

タグという制御文字を使って、文書の構造を記述するための言語のこと。タグを使って、文章を構成する要素を示す制御文字を埋め込む。代表的なものに「HTML」や「XML」などがある。

### ●HTML

Webページを作成するためのマークアップ言語のこと。
「Hyper Text Markup Language」の略。タグを使って、どのようにWebページを表示するのかを指示する。＜＞で囲まれた部分がタグに相当する。

**例**：HTMLでタグを記述してWebページを作成する場合

```
<html>      ←HTMLの開始
<head>      ←ヘッダの開始
<title>     ←タイトルの開始
FOMスクール野球部              ──── タイトル
</title>    ←タイトルの終了
</head>     ←ヘッダの終了
<body>      ←本文の開始
<p>野球部員募集</p>
<p>練習日：毎週土曜日<br>
募集人員：5名（20歳から35歳まで）</p>       ──── 本文
<p>詳細は<a href="bosyuu.html">ここをクリック</a></p>
</body>     ←本文の終了
</html>     ←HTMLの終了
```

⬇ Webブラウザで表示すると

| ストラテジ系 | マネジメント系 | **テクノロジ系** |

### スタイルシート
Webページのデザインやレイアウトをまとめて登録したもの。これを利用すると、Webページのデザインの一元管理も可能となるため、デザインを効率よく設定したり変更したりできるだけでなく、Webサイト全体のディスク容量を抑えることができる。スタールシート言語で記述する。

### CSS
文字の書体や色、サイズ、背景、余白などWebページのデザインやレイアウトを定義する際に利用されるスタイルシート言語のこと。
「Cascading Style Sheets」の略。

## ●XML
インターネット向けに最適化されたデータ記述をするためのマークアップ言語のこと。タグを独自に定義することができることから、拡張可能なマークアップ言語といわれている。
「eXtensible Markup Language」の略。

### RSS
Webページが更新されたことがひと目でわかるように、見出しや要約などを記述したXMLベースのファイルフォーマットのこと。

### RSSリーダ
あらかじめ指定したWebサイトを巡り、フィード(Webサイトの見出しや要約などを小さくまとめた更新情報)を取得して、リンク一覧を作成するソフトウェアのこと。

---

**Let's Try【61】**

HTMLの特徴として、適切なものはどれか。
ア タグは決まっているものを利用する。
イ タグを独自に定義することができる。
ウ Webページのデザインやレイアウトを定義する。
エ 更新された内容の見出しや要約を記述する。

# 4日目

テクノロジ系の「コンピュータシステム」と「技術要素(セキュリティを除く)」を集中的に学習します。

## コンピュータシステム
- コンピュータ構成要素
- システム構成要素
- ソフトウェア
- ハードウェア

## 技術要素
- ヒューマンインタフェース
- マルチメディア
- データベース
- ネットワーク

| ストラテジ系 | マネジメント系 | **テクノロジ系** |

55 CPU 重要度 ★★☆

☑ CPUの特徴や、その種類にどのようなものがあるかを理解しましょう。

## ●CPU

コンピュータの中核をなす部分であり、各装置に命令を出す制御機能と、プログラム内の命令に従って計算をする演算機能が組み込まれている装置のこと。「中央演算処理装置」や「プロセッサ」ともいう。「Central Processing Unit」の略。

32ビットのデータを一度に処理できる「32ビットCPU」や、64ビットのデータを一度に処理できる「64ビットCPU」などがあり、ビット数が大きいものほど処理能力が高い。

また、この装置内部または外部装置間で、動作のタイミングを合わせるための1秒当たりの信号数のことを「クロック周波数」といい、単位を「Hz(ヘルツ)」で表す。例えば3.4GHzの場合は、1秒当たりの信号数を$3.4×10^9$=34億回発生させて動作することを意味し、この値が大きければ大きいほど、データをやり取りする回数が多く処理速度が速い。

> **More**
>
> マルチコアプロセッサ
> 1つのCPU内に複数のコア(演算処理部分)を持つCPUのこと。複数のCPUを搭載しているように、複数のコアで分散して処理することができる。
> 1つのCPU内に2つのコアを持つCPUのことを「デュアルコアプロセッサ」、1つのCPU内に4つのコアを持つCPUのことを「クアッドコアプロセッサ」という。

## ●GPU

画像を専門に処理するための演算装置のこと。CPUでも画像処理はできるが、より高度な画像処理を行う場合は、この装置を使うことで、画像の表示をスムーズにして高速に処理することができる。「Graphics Processing Unit」の略。

コンピュータシステム（コンピュータ構成要素）

# 56 メモリ

重要度

メモリの種類と特徴を理解しましょう。

### ●メモリ
コンピュータを動作させるうえで、処理に必要なデータやプログラムを記憶しておくための装置の総称のこと。

### ●メモリの種類
メモリの種類には、次のようなものがある。

| 種類 | 説明 |
| --- | --- |
| RAM | 電源を切ると記憶している内容が消去される性質（揮発性）を持ったメモリのこと。「Random Access Memory」の略。次の種類に分けられる。 |
| | DRAM | 低価格で、容量が大きくアクセス速度が遅いという特徴があり、メインメモリに利用されている。また、記憶内容が失われないようにするため一定間隔でリフレッシュ動作（電気の再供給）を必要とする。「Dynamic RAM」の略。 |
| | SRAM | 高価格で、容量が小さくアクセス速度が速いという特徴があり、キャッシュメモリに利用されている。また、リフレッシュ動作を必要としない。「Static RAM」の略。 |
| ROM | 電源を切っても記憶している内容を保持する性質（不揮発性）を持ったメモリのこと。「Read Only Memory」の略。コンピュータのBIOSの記憶装置やフラッシュメモリに利用されている。 |

#### Let's Try【62】
次のメモリのうち、リフレッシュ動作を必要とするものはどれか。
ア DRAM　　　イ SRAM　　　ウ ROM　　　エ USBメモリ

112

ストラテジ系　マネジメント系　**テクノロジ系**

## ●メモリの用途

メモリの用途には、次のようなものがある。

| 種類 | 説明 |
|---|---|
| メインメモリ | CPUで処理するプログラムやデータを記憶するメモリのこと。DRAMが使われている。「主記憶装置」ともいう。 |
| キャッシュメモリ | CPU（高速）とメインメモリ（低速）のアクセス速度の違いを吸収し、高速化を図るメモリのこと。低速なメインメモリに毎回アクセスするのではなく、一度アクセスしたデータは高速なキャッシュメモリに蓄積しておき、次に同じデータにアクセスするときはキャッシュメモリから読み出す。コンピュータの多くは、キャッシュメモリを複数搭載しており、CPUに近い方から「1次キャッシュメモリ」、「2次キャッシュメモリ」という。SRAMが使われている。<br><br>※CPUは、まず1次キャッシュメモリにアクセスし、データがない場合は2次キャッシュメモリにアクセスする。 |
| VRAM | ディスプレイに表示する画像データを一時的に記憶する専用メモリのこと。「グラフィックスメモリ」ともいう。一般にメインメモリとは別に用意され、グラフィックスアクセラレータボードに組み込まれている。「Video RAM」の略。 |

---

**Let's Try【63】**

キャッシュメモリに使われているメモリの種類はどれか。

ア DRAM　　イ SRAM　　ウ ROM　　エ BIOS

## 57 記録媒体

重要度 ★☆☆

記録媒体（補助記憶装置）の種類と特徴を理解しましょう。

### ●光ディスク

レーザ光を利用して、データの読み書きを行う記録媒体のこと。次のようなものがある。

| 記録媒体 | | 特徴 | 記憶容量 |
|---|---|---|---|
| CD | | 直径12cmで、日常業務のバックアップ用に利用される。次のような種類がある。 | 650MB<br>700MB |
| | CD-ROM | 読出し専用で、書き込みできない。 | |
| | CD-R | 1回だけ書き込みできる。 | |
| | CD-RW | 約1,000回書き換えできる。 | |
| DVD | | 直径12cmで、見た目はCDと同じ。CDよりも記憶容量が大きい。映画やビデオなどの動画を記録するのによく利用される。次のような種類がある。 | 片面1層<br>4.7GB<br>片面2層<br>8.5GB |
| | DVD-ROM | 読出し専用で、書き込みできない。 | 両面1層<br>9.4GB |
| | DVD-R | 1回だけ書き込みできる。 | 両面2層<br>17GB |
| | DVD-RAM | 10万回以上書き換えできる。 | |
| Blu-ray Disc | | CDやDVDと同じ直径12cmで、DVDよりも記憶容量が大きい。動画像などの大容量記録媒体として利用される。次のような種類がある。 | 片面1層<br>25GB<br>片面2層<br>50GB |
| | BD-ROM | 読出し専用で、書き込みできない。 | 片面3層<br>100GB |
| | BD-R | 1回だけ書き込みできる。 | 片面4層<br>128GB |
| | BD-RE | 1,000回以上書き換えできる。 | |

114

| ストラテジ系 | マネジメント系 | テクノロジ系 |

## ● フラッシュメモリ

電源を切っても記憶している内容を保持する性質（不揮発性）を持ち、書換えが可能なメモリのこと。記憶素子として半導体メモリを用いている。次のようなものがある。

| 記録媒体 | 特徴 | 記憶容量 |
|---|---|---|
| USB メモリ | コンピュータに接続するためのコネクタと一体化しており、小さく可搬性にも優れている。 | 数10MB ～数TB |
| SDメモリ カード | ディジタルカメラや携帯情報端末などに使われている。 | 数100MB ～数TB |
| SSD | ハードディスクよりも、消費電力、データ転送速度、衝撃耐久性の面で優れているため、ハードディスクに代わる次世代ドライブとして注目されている。「Solid State Drive」の略。 | 数10GB ～数TB |

## ● 磁気ディスク

磁気を利用してデータの読み書きを行う記録媒体のこと。次のようなものがある。

| 記録媒体 | 特徴 | 記憶容量 |
|---|---|---|
| ハード ディスク | 磁性体を塗布した円盤状の金属を複数枚組み合わせた記録媒体に、データを読み書きする。コンピュータの標準的な記録媒体として利用されている。「HDD（Hard Disc Drive）」ともいう。 | 数10GB～数10TB |

---

**Let's Try【64】**

SSDの特徴として、適切なものはどれか。

ア　レーザ光で読み書きを行う記録媒体で、4.7GBや8.5GBなどの規格がある。

イ　レーザ光で読み書きを行う記録媒体で、50GBや100GBなどの規格がある。

ウ　半導体メモリを用いており、ディジタルカメラの記録媒体としてよく使われている。

エ　半導体メモリを用いており、ハードディスクよりも衝撃耐久性の面で優れている。

コンピュータシステム（コンピュータ構成要素）

# 58 IoTデバイス

重要度 ★★★

IoTデバイスの種類と特徴を理解しましょう。

## ●IoTデバイス
IoTシステムに接続するデバイス（部品）のこと。具体的には、IoT機器に組み込まれる「センサ」や「アクチュエータ」を指す。

## ●センサ
光や温度、圧力などの変化を検出し計測する機器のこと。「センサ」で収集した変化や情報は、クラウドサーバに送られ、さらに価値ある情報になるよう、分析・加工される。

## ●アクチュエータ
入力されたエネルギーや信号などを、物理的・機械的な動作へと変換する装置のこと。分析・加工された情報を、現実世界にフィードバックするための装置といえる。具体的には、センサが収集した情報はクラウドサービスで分析・加工などされ、ネットワーク経由でこの「アクチュエータ」に送られ、「アクチュエータ」では情報の受信後に何らかのフィードバック動作を行う。

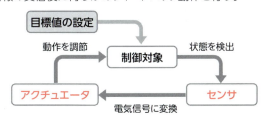

### Let's Try【65】
センサで周囲の環境の明るさを測定後に、その測定結果を受けて何らかの動作への変換を担う装置はどれか。

ア センサ　　イ プロセッサ　　ウ ハッカソン　　エ アクチュエータ

116

ストラテジ系 | マネジメント系 | **テクノロジ系**

## 59 ワイヤレスインタフェース

重要度 ★★☆

> ワイヤレスインタフェースの種類と特徴を理解しましょう。

### ●ワイヤレスインタフェース

赤外線や電波を利用して、無線でデータ転送を行うインタフェース（接続部分）のこと。次のようなインタフェースや技術がある。

| 種類 | 特徴 |
| --- | --- |
| IrDA | 赤外線を使用し、転送距離は一般的に2m以内の無線通信を行うインタフェースのこと。装置間に障害物があるとデータ転送が阻害される場合がある。「Infrared Data Association」の略。 |
| Bluetooth | 2.4GHz帯の電波を使用し、転送距離が100m以内の無線通信を行うインタフェースのこと。コンピュータやプリンタ、携帯情報端末などに搭載されている。IrDAに比べて比較的障害物に強い。 |
| NFC | 10cm程度の至近距離でかざすように近づけてデータ通信する近距離無線通信技術のこと。交通系のICカード（ICチップが埋め込まれたプラスチック製のカード）などで利用されている。<br>例えば、NFC搭載の交通系のICカードを自動改札でかざすことで、自動改札が開いて通り抜けることができ、交通料金の精算も同時に行う。<br>「Near Field Communication」の略。日本語では「近距離無線通信」の意味。 |

#### デバイスドライバ

周辺機器を制御・操作できるようにするためのソフトウェアのこと。単に「ドライバ」ともいう。周辺機器を利用する際には、このソフトウェアをインストールする必要がある。ただし、最近のOSは「プラグアンドプレイ」の機能を持っているため、周辺機器を接続するだけでこのソフトウェアのインストールを自動的に行い、周辺機器を制御・操作できるようになる。

コンピュータシステム（システム構成要素）

# 60 システムの利用形態

重要度 ★★★

☑ 仮想的なシステム利用形態の特徴を理解しましょう。

## ●仮想化

1台のコンピュータに、複数の仮想的なコンピュータを動作させるための技術のこと。1台のコンピュータを論理的に分割し、それぞれに異なるOSやアプリケーションソフトウェアを動作させることによって、あたかも複数のコンピュータが同時に稼働しているようにみせることができる。

なお、1台のコンピュータに、複数の仮想的なサーバを動作させるための技術のことを「サーバ仮想化」という。

 More

### ライブマイグレーション
あるハードウェアで稼働している仮想化されたサーバを停止することなく、別のハードウェアに移動させて、移動前の状態から仮想化されたサーバの処理を継続させる技術のこと。ハードウェアの移行時、メンテナンス時などで利用する。

### レプリケーション
データベースの複製（レプリカ）を、ネットワーク上の別のコンピュータ上に作成し、同期をとる方式のこと。データベースを更新した際、その更新した結果がレプリカに反映される。

### Let's Try【66】
1台のコンピュータを論理的に分割し、それぞれで異なるOSとアプリケーションソフトウェアを実行させ、あたかも複数のコンピュータが同時に稼働しているかのように見せる技術はどれか。

ア 仮想化　　　　　　　　　イ ライブマイグレーション
ウ レプリケーション　　　　エ デュプレックスシステム

118

ストラテジ系　マネジメント系　**テクノロジ系**

## 61　システムの性能

重要度 ★★★

> システムの性能の評価指標にどのようなものがあるかを理解しましょう。

### ●システムの性能の評価指標
システムの性能を評価する指標には、次のようなものがある。

| 評価指標 | 説明 |
|---|---|
| レスポンスタイム | コンピュータに処理を依頼してから最初の反応が返ってくるまでの時間のこと。「**応答時間**」ともいう。<br><br>　　　　　　　　　　レスポンスタイム<br>印刷命令 → 処理 → 印刷結果 |
| ターンアラウンドタイム | 一連の処理をコンピュータに依頼してから、すべての処理結果を受け取るまでの時間のこと。<br><br>印刷命令 → 処理 → 印刷結果<br>　　　　　　ターンアラウンドタイム |
| スループット | システムが単位時間当たりに、どのくらいデータを処理できるかという仕事量のこと。システムの処理能力を表すときに用いられる。 |

> **More**
>
> **ボトルネック**
> システムに悪影響を及ぼす原因となっている部分のこと。

---

**Let's Try【67】**
コンピュータに処理を依頼してから最初の反応が返ってくるまでの時間のことを何というか。

ア　レスポンスタイム　　　　イ　ターンアラウンドタイム
ウ　スループット　　　　　　エ　ベンチマーク

コンピュータシステム（システム構成要素）

# 62 システムの信頼性

重要度 ★★★

> システムの信頼性を評価する指標には稼働率があることを理解し、稼働率を計算できるようになりましょう。

## ●稼働率

システムがどの程度正常に稼働しているかを割合で表したもの。値が大きいほど、信頼できるシステムといえる。システムの信頼性を計る指標として利用する。

稼働率を計算するために、次の指標を使う。

| 指標 | 説明 |
| --- | --- |
| MTBF | 故障から故障までの間で、システムが連続して稼働している時間の平均のこと。「平均故障間隔」、「平均故障間動作時間」ともいう。「Mean Time Between Failures」の略。 |
| MTTR | 故障したときに、システムの修復にかかる時間の平均のこと。「平均修復時間」ともいう。「Mean Time To Repair」の略。 |

稼働率は、次の計算式で求めることができる。

$$稼働率 = \frac{MTBF}{MTBF+MTTR}$$

**例**：図のようなシステムの運用開始から運用終了までの稼働率は、約0.979となる。

MTBF：(100＋350＋120)（時間）÷3（回）＝190時間
MTTR：(6＋2＋4)（時間）÷3（回）＝4時間

$$稼働率：\frac{MTBF}{MTBF+MTTR}=\frac{190}{190+4}=0.9793814\cdots ≒ 0.979$$

120

| ストラテジ系 | マネジメント系 | **テクノロジ系** |

## ●直列システムの稼働率

システムを構成している装置がすべて稼働しているときだけ、稼働するようなシステムのことを「直列システム」という。装置がひとつでも故障した場合は、システムが稼働しなくなる。
次の計算式で求めることができる。

> **直列システムの稼働率＝装置1の稼働率×装置2の稼働率**

**例**：装置1の稼働率が0.9、装置2の稼働率が0.8のときの直列システムの稼働率は、0.72となる。

稼働率＝装置1×装置2
　　　＝0.9×0.8＝0.72

## ●並列システムの稼働率

どれかひとつの装置が稼働していれば、稼働するようなシステムのことを「並列システム」という。構成しているすべての装置が故障した場合だけ、システムが稼働しなくなる。
次の計算式で求めることができる。

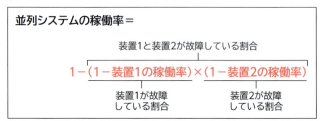

**例**：装置1の稼働率が0.9、装置2の稼働率が0.8のときの並列システムの稼働率は、0.98となる。

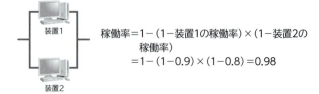

稼働率＝1－(1－装置1の稼働率)×(1－装置2の稼働率)
　　　＝1－(1－0.9)×(1－0.8)＝0.98

コンピュータシステム（システム構成要素）

# 63 高信頼性の設計

重要度 ★★☆

信頼性の高いシステムを構築するための考え方には、どのようなものがあるかを理解しましょう。

## ●高信頼性の設計

信頼性の高いシステムを構築するための考え方には、次のようなものがある。

| 考え方 | 説明 |
| --- | --- |
| フォールトトレラント | 故障が発生しても、本来の機能すべてを維持し、処理を続行する。一般的にシステムを二重化するなどの方法がとられる。 |
| フェールソフト | 故障が発生したときに、システムが全面的に停止しないようにし、必要最小限の機能を維持する。 |
| フェールセーフ | 故障が発生したときに、システムを安全な状態に固定し、その影響を限定する。例えば、信号機で故障があった場合には、すべての信号を赤にして自動車を止めるなど、故障や誤動作が事故につながるようなシステムに適用される。 |
| フールプルーフ | 本来の仕様からはずれた使い方をしても、故障しないようにする。ユーザの入力ミスや操作ミスをあらかじめ想定した設計にする。 |

> **More**
>
> ### TCO
> システムの導入から運用（維持管理）までを含めた費用の総額のこと。「Total Cost of Ownership」の略。次のような費用がある。
>
> | 費用 | 説明 |
> | --- | --- |
> | 初期コスト | システムを導入する際に必要となる費用のこと。ハードウェアやソフトウェアの購入費用、開発人件費用（委託費用）、利用者（システム利用部門）に対する教育費用などがある。 |
> | 運用コスト | システムを運用する際に必要となる費用のこと。「ランニングコスト」ともいう。設備維持費用（リース代、レンタル代、アップグレード費用、システム管理者の人件費、保守費用など）、運用停止による業務上の損失などがある。 |

122

マネジメント系  テクノロジ系

# 64 RAID

重要度

> RAIDの種類と特徴を理解しましょう。

## ●RAID

複数のハードディスクをまとめてひとつの記憶装置として扱い、データを分散化して保存する技術のこと。
「Redundant Arrays of Inexpensive Disks」の略。
いくつかのレベルがあり、次のような種類がある。

| 種類 | 説明 |
| --- | --- |
| RAID0 | アクセス速度の向上を目的とし、データを複数のハードディスクに分割して書き込む方式のこと。「ストライピング」ともいう。アクセスが集中せず、データの書込み時間が短縮される。 |
| RAID1 | 信頼性の向上を目的とし、ハードディスク自体の故障に備え、2台以上のハードディスクに同じデータを書き込む方式のこと。「ミラーリング」ともいう。1台のハードディスクが故障した場合でも、別のハードディスクからデータを読み出すことで、信頼性を向上させる。 |
| RAID5 | 信頼性の向上を目的とし、複数のハードディスクに、データと、エラーの検出・訂正を行うためのパリティ情報を分割して記録する方式のこと。「パリティ付きストライピング」ともいう。1台のハードディスクに障害が起きても、それ以外のハードディスクからデータを復旧できる。 |

### More

**NAS**
ハードディスクや通信制御装置、OSなどを一体化し、ネットワークに直接接続して使用するファイルサーバのこと。
「Network Attached Storage」の略。

### Let's Try【68】
次のうち、2台以上のハードディスクに同じデータを書き込む方式はどれか。
ア RAID0   イ RAID1   ウ RAID5   エ ストライピング

コンピュータシステム（ソフトウェア）

# 65 ディレクトリ管理

重要度 ★★★

ディレクトリ管理の考え方を理解し、ファイルをパスで指定できるようになりましょう。

## ●ディレクトリ管理

ファイルの検索をしやすくするために、ファイルを階層的な構造で管理すること。
階層のうち、最上位のディレクトリを「ルートディレクトリ」、ディレクトリの下にあるディレクトリを「サブディレクトリ」、基点となる操作対象のディレクトリを「カレントディレクトリ」という。

## ●パスの指定方法

コンピュータ内におけるファイルの場所を表す住所のようなものを「パス」という。パスの指定方法には、次のようなものがある。

| 指定方法 | 説明 |
| --- | --- |
| 相対パス指定 | カレントディレクトリを基点として目的のファイルの位置を指定する方法のこと。 |
| 絶対パス指定 | ルートディレクトリを基点として目的のファイルまですべてのディレクトリ名とファイル名を階層順に指定する方法のこと。 |

> **More**
>
> **「.」記号**
> 相対パス指定で、カレントディレクトリを表す。
>
> **「..」記号**
> 相対パス指定で、基点となるディレクトリのひとつ上のディレクトリを表す。
>
> **「¥」「/」「\」記号**
> ディレクトリの表記で先頭に付ける。OSによって表記が異なる。

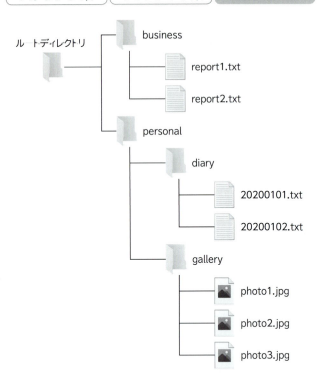

**例**：カレントディレクトリを「diary」として、「report2.txt」の位置を相対パス指定で指定する場合

..¥..¥business¥report2.txt

**例**：「photo2.jpg」の位置を絶対パス指定で指定する場合

¥personal¥gallery¥photo2.jpg

## 66 バックアップの種類

重要度 ★★★

> バックアップの種類や、そのバックアップ時間と復旧時間の関係性について理解しましょう。

### ●バックアップ

コンピュータや記憶装置の障害によって、データやプログラムが破損した場合に備えて、記録媒体（補助記憶装置）にファイルをコピーしておくこと。バックアップを行うことにより、万一の場合に、バックアップしたファイルからデータを復旧することができる。

### ●バックアップの種類

バックアップには、復旧時間やバックアップ作業負荷などの条件により、次のような種類がある。

| 種類 | バックアップの対象データ | 復旧方法 | バックアップ時間 | 復旧時間 |
|---|---|---|---|---|
| フル（全体）バックアップ | ディスク上のすべてのデータ。 | フルバックアップをリストア。 | 長い | 短い |
| 差分バックアップ | 前回、フルバックアップした時点から変更されたデータ。 | フルバックアップと最後に取った差分バックアップからリストア。 | ↕ | ↕ |
| 増分バックアップ | 前回、バックアップした時点から変更されたデータ。 | フルバックアップとフルバックアップ以降に取ったすべての増分バックアップを順にリストア。 | 短い | 長い |

### Let's Try 【69】

月曜日から金曜日に毎日フルバックアップしていたが、月曜日にフルバックアップ、火曜日から金曜日に増分バックアップに変更した。次のうち適切なものはどれか。

ア　バックアップ時間が短くなり、復旧時間が短くなる。
イ　バックアップ時間が短くなり、復旧時間が長くなる。
ウ　バックアップ時間が長くなり、復旧時間が短くなる。
エ　バックアップ時間が長くなり、復旧時間が長くなる。

# 67 OSS（オープンソースソフトウェア）

重要度 ★★★

> OSSの特徴を理解し、主なOSSの種類とその例を覚えましょう。

## ●OSS

ソフトウェアの作成者がインターネットを通じて無償でソースコードを公開し、著作権を守りながら自由にソフトウェアの改変や再頒布を可能にしたソフトウェアのこと。「オープンソースソフトウェア」ともいう。「Open Source Software」の略。

OSSには、無保証を原則として再頒布を無償で自由に行うことにより、ソフトウェアを発展させようとする狙いがある。

## ●OSSの種類

主なOSSの種類には、次のようなものがある。

| 種類 | OSSの例 |
|---|---|
| OS | Linux、Android |
| オフィスツール | Apache OpenOffice、LibreOffice |
| Webブラウザ | Firefox |
| Webサーバ | Apache HTTP Server |
| 電子メールソフト | Thunderbird |
| データベース管理システム（DBMS） | MySQL、PostgreSQL |

### Let's Try【70】

OSSの説明として、適切なものはどれか。

ア Androidは、OSSのオフィスツールである。
イ Internet Explorerは、OSSのWebサーバである。
ウ Apache HTTP Serverは、OSSのWebサーバである。
エ PostgreSQLは、OSSのWebサーバである。

コンピュータシステム（ハードウェア）

# 68 携帯情報端末

重要度

携帯情報端末の種類と特徴を理解しましょう。

## ●携帯情報端末

持ち運びを前提とした小型のコンピュータのこと。主に、個人向けにインターネットや個人情報管理などで利用される。
携帯情報端末の種類には、次のようなものがある。

| 種類 | 説明 |
| --- | --- |
| タブレット端末 | タッチパネル式の携帯情報端末のこと。指で触れて操作できる。通常、インターネット接続機能が標準で搭載されている。アプリという様々な機能を持ったアプリケーションソフトウェアをインターネット上から入手、使用することで、手軽に多機能を実現している。 |
| スマートフォン | タブレット端末の一種で、PCのような高機能を持つ携帯電話のこと。略して「スマホ」ともいう。 |
| ウェアラブル端末 | 身に付けて利用することができる携帯情報端末のこと。腕時計型や眼鏡型などの形がある。 |

### アクティブトラッカ
身に付けて利用することによって、歩数や運動時間、睡眠時間などの活動量を、搭載された各種センサで計測できる端末のこと。代表的なものには、ウェアラブル端末がある。「アクティビティトラッカ」ともいう。日本語では「活動量計」の意味。

### スマートデバイス
スマートフォンやタブレット端末の総称のこと。

## Let's Try【71】
ウェアラブル端末の特徴として、適切なものはどれか。
ア ノートのように折り曲げて持ち運びできる。
イ 複数のコンピュータを接続して高性能なシステムとして利用する。
ウ PCのような高機能を持つ携帯電話である。
エ 腕時計型や眼鏡型などの形がある。

ストラテジ系　マネジメント系　**テクノロジ系**

## 69 インタフェースのデザイン

重要度 ★★★

> インタフェースのデザインは、できる限り多くの人が、快適に利用できるようにする観点が必要であることを理解しましょう。

### ●ユニバーサルデザイン

直訳すると「万人のデザイン」という意味のことで、生活する国や文化、性別や年齢、障がいの有無にかかわらず、すべての人が使えるように製品や機器、施設や生活空間をデザインする考え方のこと。インタフェース（人とシステムの接続部分）のデザインにおいては、多くの人が利用できる使いやすさの観点が必要となる。例えば、商品の取り出し口が中央部分にある自動販売機や、誰もが余裕を持って通り抜けできる幅の広い自動改札などがある。これらは、車椅子の利用者や大きな荷物を持っている人だけでなく、すべての人に共通した使いやすさを提供するデザインといえる。

> **More**
>
> **Webアクセシビリティ**
> Webデザインにおけるユニバーサルデザインのこと。個人の能力差にかかわらず、すべての人がWebサイトから情報を平等に入手できるようにすることを指す。
> 具体的には、高齢者に配慮して大きな文字サイズに調整可能にしたり、目が不自由な人に配慮して音声読み上げソフトの読み上げ順に合わせて適切に情報を並べたりする。

> **Let's Try【72】**
> ユニバーサルデザイン（Webアクセシビリティ）の事例として、最も適切なものはどれか。
>
> ア　コマンドボタンには、誰にでもわかるような名前をつける。
> イ　入力中に過去の入力一覧から文字列を選択できるようにする。
> ウ　コマンドボタンの背景色には、多くの色を使って見栄えをよくする。
> エ　コマンドボタンには、省略したキーの名前をつけて多数配置する。

# 70 マルチメディア技術

重要度 ★☆☆

代表的なマルチメディア技術の種類と特徴を理解しましょう。

## ●代表的なマルチメディア技術
代表的なマルチメディア技術には、次のようなものがある。

| 技術 | 説明 |
|---|---|
| バーチャルリアリティ（VR） | CG（Computer Graphics：コンピュータで画像を処理・生成する技術）や音響効果を組み合わせて、人工的に現実感（仮想現実）を作り出す技術のこと。「Virtual Reality」の略。<br>遠く離れた世界や、過去や未来の空間などの仮想的な現実を作って、現在の時間空間にいながら、あたかも実際にそこにいるような感覚を体験できる。 |
| 拡張現実（AR） | 現実の世界に、CGで作成した情報を追加する技術のこと。「Augmented Reality」の略。<br>現実の風景にコンピュータが処理した地図を重ね合わせて表示するなど、現実の世界を拡張できる。 |

### More

**映像の規格**

テレビやディスプレイなどの映像の規格には、次のようなものがある。

| 規格 | 説明 |
|---|---|
| フルHD | 解像度が1,920×1,080（横×縦）、約207万画素を持つ。一般家庭で普及している。「フルハイビジョン」ともいう。 |
| 4K | 解像度が3,840×2,160（横×縦）、約829万画素を持つ。フルHDの縦横2倍、面積では4倍であり、フルHDよりも高画質・高詳細な映像を再現する。一般家庭での普及が始まっている。 |
| 8K | 解像度が7,680×4,320（横×縦）、約3,318万画素を持つ。4Kの縦横2倍、面積では4倍であり、4Kよりも高画質・高詳細な映像を再現する。一般家庭での普及が始まっている。 |

### Let's Try【73】
8KはフルHDの何倍の解像度を持つか。

ア 2倍　　　イ 4倍　　　ウ 8倍　　　エ 16倍

## 71 データベースの設計

重要度 ★★★

☑ テーブル構成やテーブル同士の関連、テーブルを適切に分割することなど、データベースの設計の考え方を理解しましょう。

### ●データベース

様々なデータ(情報)を、ある目的を持った単位でまとめて、ひとつの場所に集中して格納したもの。

### ●テーブルの構成

データベースは、データをテーブル(表)で管理する。テーブルの構成は、次のとおり。

得意先テーブル

| 得意先コード | 得意先名 | 電話番号 | 所在地 |
| --- | --- | --- | --- |
| A-1 | 南北電気 | 03-3592-123X | 東京都 |
| B-1 | 日本工業 | 06-6967-123X | 大阪府 |
| A-20 | いろは電子 | 078-927-123X | 兵庫県 |

項目(列、フィールド) / 項目名(フィールド名) / 行(レコード)

### ●テーブル同士の関連

2つのテーブルは、「主キー」と「外部キー」によって、関連付けられる。

得意先コードをもとに、得意先テーブルの項目を参照できる。

技術要素（データベース）

| 種類 | 説明 |
|---|---|
| 主キー | テーブルの中のある行と別の行を区別するために設定する項目のこと。1つのテーブルに1つだけ設定できる。NULL（空の文字列）の値を入力することはできない。複数の項目を組み合わせて設定することもできる。 |
| 外部キー | 項目が、別のテーブルの主キーに存在する値であるようにする項目のこと。1つのテーブルに複数の外部キーを設定することができる。 |

### Let's Try【74】
主キーを設定する理由として、適切なものはどれか。

ア　他のテーブルからの参照を防止できるようにする。
イ　他のテーブルからの更新を防止できるようにする。
ウ　テーブルの中の行を一意に識別できるようにする。
エ　テーブルの中の項目が、別のテーブルに存在する値になるようにする。

## ●データの正規化

データの重複がないようにテーブルを適切に分割すること。正規化されていないテーブルは、データの重複があるため、データの矛盾や不整合が発生しやすい。一方、正規化されたテーブルは、データの重複がなくなるため、データの矛盾や不整合が発生するリスクが低くなる。
データの正規化は、「第1正規化」→「第2正規化」→「第3正規化」の手順で実施する。第3正規化まで実施することによって、データの重複がなくなる。

### Let's Try【75】
データの重複が発生しないように、複数のテーブルに分割する作業はどれか。

ア　射影　　　イ　排他制御　　　ウ　正規化　　　エ　挿入

ストラテジ系 | マネジメント系 | **テクノロジ系**

## 72 テーブルのデータ操作

重要度

テーブルのデータの操作方法について、代表的な関係演算の種類と特徴を理解しましょう。

### ●データ操作

データベース管理システムでは、テーブルの定義や、データの検索・挿入・更新・削除のデータ操作を行うために、統一した操作方法である「SQL(Structured Query Language)」を使用する。データベースから必要なデータを取り出すためには、「**関係演算**」を利用する。

### ●関係演算

テーブル(表)から目的とするデータを取り出す演算のこと。代表的な関係演算には、次のようなものがある。

| 種類 | 説明 |
|---|---|
| 射影 | テーブルから指定した項目(列)を取り出す。<br>例:「顧客コード」の項目だけを取り出す。<br><br>顧客コード / 顧客名 / 担当者コード<br>2051 / 大野 / A12<br>4293 / 田中 / B30<br>5018 / 原田 / A11<br>→射影→<br>顧客コード<br>2051<br>4293<br>5018 |
| 選択 | テーブルから指定した行(レコード)を取り出す。<br>例:「顧客コード」が"4293"の行だけを取り出す。<br><br>顧客コード / 顧客名 / 担当者コード<br>2051 / 大野 / A12<br>4293 / 田中 / B30<br>5018 / 原田 / A11<br>→選択→<br>顧客コード / 顧客名 / 担当者コード<br>4293 / 田中 / B30 |
| 結合 | 2つ以上のテーブルで、ある項目の値が同じものについてテーブル同士を連結させたデータを取り出す。<br>例:「担当者コード」が同じデータを行方向に連結する。<br><br>顧客コード / 顧客名 / 担当者コード<br>2051 / 大野 / A12<br>4293 / 田中 / B30<br>5018 / 原田 / A11<br><br>担当者コード / 担当者名<br>A12 / 鈴木<br>A11 / 山田<br>B30 / 斉藤<br>B60 / 吉田<br><br>↓結合↓<br>顧客コード / 顧客名 / 担当者コード / 担当者名<br>2051 / 大野 / A12 / 鈴木<br>4293 / 田中 / B30 / 斉藤<br>5018 / 原田 / A11 / 山田 |

133

技術要素(データベース)

### ワイルドカード

検索条件を指定する場合、これを使って条件を指定すると、部分的に等しい文字列を検索できる。「＊(アスタリスク)」と「％(パーセント)」が「0文字以上の任意の文字列」を意味し、「？(疑問符)」と「＿(アンダーバー)」が「任意の1文字」を意味する。

| 種類 | 使用例 | 説明 |
|---|---|---|
| ％ | 東京％ | 「東京」の後ろに何文字続いても検索される。 |
| ＊ | 東京＊ | |
| ＿ | 東京都＿区 | 「東京都港区」は検索されるが、「東京都品川区」は検索されない。 |
| ？ | 東京都？区 | |

## Let's Try【76】

次の操作a～cと、関係演算の適切な組合せはどれか。

a 指定した項目(列)を取り出す。
b 指定した行(レコード)を取り出す。
c 複数の表を一つの表にする。

|   | a | b | c |
|---|---|---|---|
| ア | 選択 | 結合 | 射影 |
| イ | 選択 | 射影 | 結合 |
| ウ | 射影 | 選択 | 結合 |
| エ | 射影 | 結合 | 選択 |

## Let's Try【77】

"渋谷"を含む文字列を検索したい。ワイルドカードを使った検索条件として、適切なものはどれか。

ア ？渋谷＊　　イ ＊渋谷＊　　ウ ＊渋谷？　　エ ？渋谷？

| ストラテジ系 | マネジメント系 | **テクノロジ系** |

# 73 データベース管理システム（DBMS）

重要度 ★★☆

☑ データベース管理システム（DBMS）の特徴を理解しましょう。

## ●データベース管理システム

データベースを管理したり利用したりするソフトウェアのこと。データを構造的に蓄積して一貫性を保ち、ユーザがデータベースをいつでも正しく利用できるようにする。
「DBMS（DataBase Management System）」ともいう。
主な機能には、次のようなものがある。

| 機能 | 説明 |
| --- | --- |
| データベース定義 | テーブル（表）、項目、インデックスなど、データベースの構造を定義する。 |
| データ操作 | データベースに対するデータ操作（検索、挿入、更新、削除）を統一する。 |
| 同時処理（排他制御） | 複数のユーザが同時にデータベースを操作しても、データの矛盾が発生しないようにデータの整合性を維持する。 |
| リカバリ処理（回復機能） | ハードウェアやソフトウェアに障害が発生した場合でも、障害発生直前の状態にデータを復旧する。 |
| ログ管理 | リカバリ処理に必要となるログファイルの保存・運用を行う。 |
| アクセス管理 | ユーザのデータベース利用権限を設定し、アクセス権のないユーザがデータにアクセスできないようにする。 |
| 運用管理 | データベースのバックアップとリストア、データベースの格納状況やバッファの利用状況など、運用に関する様々な機能を持つ。 |
| 再編成 | データの追加や削除を繰り返したために生じる、データベースのフラグメンテーション（ディスク上の使用領域の断片化）を解消する。データベースを再編成（連続する領域に再配置）すると、データを操作する速度が改善する。 |

技術要素（データベース）

**NoSQL**
関係データベースではSQLを使用してデータベース内のデータを操作するが、SQLを使用しないデータベース管理システム（DBMS）のことを指す。ビッグデータの基盤技術として利用されている。「Not only SQL」の略。

● **排他制御**
データベースに矛盾が生じることを防ぐために、複数の利用者が同時に同一のデータを更新しようとしたとき、一方の利用者に対し、一時的にデータの書込みを制限する機能のこと。アクセスを制限するためには、データベースを「ロック」する。アクセスを制限することで、データの整合性を維持することができる。

**Let's Try【78】**
排他制御の目的として、適切なものはどれか。
ア アクセス権の設定内容に応じて、特定の者にしかデータにアクセスできないようにする。
イ データを故意に改ざんされないようにする。
ウ 統一された操作方法で、データの検索を行えるようにする。
エ 複数の利用者がデータを更新したときに、データの矛盾が起こらないようにする。

● **トランザクション**
ひとつの完結した処理単位のこと。例えば、「商品Aを15個発注する」という処理がこれに該当する。
正しく完全に処理されるか（**コミット**）、異常となって全く処理されないか（**ロールバック**）のいずれかとなる。処理が正常に終了した場合は、データベースに更新内容が反映されるが、途中で異常終了した場合は、更新内容がデータベースに反映されない。この仕組みによって、データベースの整合性が維持される。

**Let's Try【79】**
一連の処理がすべて成功したときに処理結果を確定し、途中で失敗したときに処理前の状態に戻す特性を持つものはどれか。
ア 排他制御　　　　　　　イ レプリケーション
ウ トランザクション　　　エ サブスクリプション

ストラテジ系　マネジメント系　**テクノロジ系**

# 74 無線LAN

重要度 ★★☆

> 無線LANの規格にはどのようなものがあるかを覚え、2.4GHz帯と5GHz帯の特性の違いを理解しましょう。

## ●無線LAN

電波や赤外線を使った、無線で通信を行うLANのこと。LAN（Local Area Network：構内情報通信網）とは、同一の建物や敷地内、工場内、学校内など、比較的狭い限られた範囲で情報をやり取りするためのネットワークのこと。

> **More**
>
> **Wi-Fi**
> 高品質な接続環境を実現した無線LANのこと、または無線LANで相互接続性が保証されていることを示すブランド名のこと。現在では無線LANと同義で使われている。無線LANが登場して接続が不安定だった頃は、高品質な接続が実現できるものをWi-Fiと呼んで区別した。
> 「Wireless Fidelity」の略。直訳すると「無線の忠実度」の意味。

## ●IEEE802.11

無線LANを構築するための国際標準規格のこと。使用する周波数（使用周波数帯）や伝送速度によっていくつかの規格があり、代表的な規格には、次のようなものがある。

| 規格 | 使用周波数帯 | 伝送速度 | 特徴 |
|---|---|---|---|
| IEEE802.11a | 5GHz | 54Mbps | 使用周波数帯が高いため、障害物などの影響を受けることがある。しかし、ほかの電子機器であまり使用されていない周波数帯のためノイズに強い。 |
| IEEE802.11b | 2.4GHz | 11Mbps | 使用周波数帯が低いため、障害物の影響は受けにくい。しかし、ほかの電子機器でよく使用されている周波数帯のため、通信の品質がIEEE802.11aに比べると劣る。 |

技術要素(ネットワーク)

| 規格 | 使用周波数帯 | 伝送速度 | 特徴 |
|---|---|---|---|
| IEEE802.11g | 2.4GHz | 54Mbps | IEEE802.11b規格との互換性がある。使用周波数帯が低いため、障害物の影響は受けにくい。しかし、ほかの電子機器でよく使用されている周波数帯のため、通信の品質がIEEE802.11aに比べると劣る。 |
| IEEE802.11n | 2.4GHz/5GHz | 600Mbps | 複数のアンテナを利用することなどで理論上600Mbpsの高速化を実現する。周波数帯は2.4GHz帯と5GHz帯を使用できる。 |
| IEEE802.11ac | 5GHz | 6.9Gbps | IEEE802.11nの後継となる次世代の規格であり、複数のアンテナを組み合わせてデータ送受信の帯域を広げるなどして高速化を実現する。現在の主流となっている。 |

**アドホックモード**
アクセスポイント(接続点)を介さずに、端末同士で相互に直接通信する無線LANの通信方法のこと。

## ●2.4GHz帯と5GHz帯の違い

IEEE802.11の使用周波数帯には、2.4GHz帯と5GHz帯がある。それぞれ次のように特徴が異なる。

| 使用周波数帯 | 特徴 |
|---|---|
| 2.4GHz帯 | 電波が回り込みやすく、障害物に強いという特徴がある。電子レンジなどの家電製品やBluetooth機器で利用されていることが多く、電波の干渉が起こりやすくなる。また、電波が遠くまで届きやすい。 |
| 5GHz帯 | 電波の直進性が高く、回り込みにくいため、障害物に弱いという特徴がある。一方で、電波の干渉が少ないため、通信が安定している。 |

ストラテジ系　マネジメント系　**テクノロジ系**

### More

#### 電波の周波数
電波が1秒間に繰り返す波の数（振動数）のこと。単位は「Hz（ヘルツ）」で表す。無線LANで利用されている2.4GHz帯の電波は1秒間に24億回の波を繰り返し、5GHz帯の電波は1秒間に50億回の波を繰り返す。

電波のイメージ図

#### ESSID
IEEE802.11の無線LANで利用されるネットワークの識別子のこと。最大で32文字までの英数字を設定できる。複数のアクセスポイントを設置したネットワークの範囲でも使用でき、この識別子が一致するコンピュータとだけ通信するので混信を防ぐことができる。
「Extended Service Set IDentifier」の略。

### Let's Try【80】
ESSIDの説明として、適切なものはどれか。
ア　無線LANでネットワークを識別するための文字列であり、最大32文字までの英数字を設定できる。
イ　無線LANでネットワークを識別するための文字列であり、最大48文字までの英数字を設定できる。
ウ　使用周波数帯は5GHzを使用し、複数のアンテナを組み合わせてデータ送受信の帯域を広げるなどして高速化を実現する。
エ　無線LANでネットワークを識別するための文字列であり、暗号強度を高めるために利用が推奨されている。

技術要素（ネットワーク）

## 75 IoTネットワーク

重要度 ★★★

> IoTネットワークの構成要素にどのようなものがあるかを理解しましょう。

### ●IoTネットワーク
IoTデバイス（IoT機器）を接続するネットワークのこと。IoTネットワークの構成要素には様々なものがある。

### ●LPWA
消費電力が小さく、広域の通信が可能な無線通信技術の総称のこと。IoTにおいては、広いエリア内に多くのセンサを設置し、計測した情報を定期的に収集したいなどのニーズがある。通信速度は低速でも問題がない一方で、低消費電力・低価格で広い範囲をカバーできる通信技術が求められる。
「Low Power Wide Area」の略。

> **Let's Try【81】**
> LPWAの特徴として、適切なものはどれか。
> ア 通信速度が速く、消費電力が大きい。
> イ 通信速度が速く、消費電力が小さい。
> ウ 通信速度が遅く、消費電力が大きい。
> エ 通信速度が遅く、消費電力が小さい。

### ●エッジコンピューティング
人やIoTデバイスの近くにサーバを分散配置するネットワークの技術のこと。通常、IoTデバイスなどは収集した情報をクラウドサーバに送信する。クラウドサーバへの処理が集中し、IoTシステム全体の処理が遅延するという問題を解決するために、処理の一部をIoTデバイスに近い場所に配置した「エッジ」と呼ばれるサーバに任せる。IoTデバイス群の近くにコンピュータを配置することによって、クラウドサーバの負荷低減と、IoTシステム全体のリアルタイム性を向上させることが可能となる。

| ストラテジ系 | マネジメント系 | テクノロジ系 |

**Let's Try【82】**

エッジコンピューティングの説明として、適切なものはどれか。

ア IoTデバイスの近くにコンピュータを配置して、IoTシステム全体の負荷削減とリアルタイム性の向上を実現する。
イ IoTデバイスを少ない電力で稼働させて、長期間接続する。
ウ 専用のソフトウェアを使って、IoTデバイスの遠隔操作をする。
エ IoTデバイスを一元管理して、利用状況を監視する。

## ●5G

2020年に実用が開始された、携帯電話やスマートフォンなどの次世代移動通信の通信規格のこと。「**第5世代移動通信システム**」ともいう。
現在普及している4G（第4世代移動通信システム、LTE-Advanced）の後継技術となり、特徴としては次の3点が挙げられる。

| 特徴 | 内容 |
| --- | --- |
| **超高速** | 現在使われている周波数帯に加え、広帯域を使用できる新たな周波数帯を組み合わせて使うことにより、現行の100倍程度の高速化を実現する。例えば、2時間の映画なら3秒でダウンロードが完了する（4Gでは30秒かかる）。 |
| **超低遅延** | ネットワークの遅延が1ミリ秒（1000分の1秒）以下となり、遠隔地との通信においてもタイムラグの発生が非常に小さくなる（4Gでは10ミリ秒）。例えば、リアルタイムに遠隔地のロボットを操作・制御すること（遠隔制御や遠隔医療）ができる。 |
| **多数同時接続** | 多くの端末での同時接続が可能となる。例えば、自宅程度のエリアにおいて、PCやスマートフォンなど100台程度の同時接続が可能となる（4Gでは10台程度）。 |

**More**

**テレマティクス**

自動車などの移動体に無線通信や情報システムを組み込み、リアルタイムに様々なサービスを提供する仕組み、または概念のこと。
「Telecommunication（遠距離通信）」と「Informatics（情報科学）」を組み合わせた造語である。
例えば、自動車内のカーナビゲーションシステムを無線データ通信サービスと連携させて、渋滞情報や天気予報などのサービス提供を可能とする。

技術要素（ネットワーク）

## 76 IPアドレス

重要度 ★★★

☑ IPアドレスの種類と特徴を理解しましょう。

### ●IPアドレス
ネットワークに接続されているコンピュータを見分けるための番号のこと。2進数32ビットで表現される。「グローバルIPアドレス」と「プライベートIPアドレス」がある。

### ●グローバルIPアドレス
インターネットで使用できるIPアドレスのこと。インターネットで使用するIPアドレスは、インターネット上で一意なものでなければならないため、自由に設定できない。

### ●プライベートIPアドレス
グローバルIPアドレスを取得していなくても、ある範囲のIPアドレスに限り自由に設定できるIPアドレスのこと。組織内などに閉じたネットワークで利用される。

> **More**
>
> **NAT**
> プライベートIPアドレスとグローバルIPアドレスを相互に変換する技術のこと。組織内のLANをインターネットに接続するときによく利用される。「Network Address Translation」の略。
>
> **IPv6**
> 管理できるアドレス空間を32ビットから「128」ビットに拡大し、IPアドレス不足が解消できるインターネットプロトコルのこと。
> 「Internet Protocol version6」の略。

---

**Let's Try【83】**

NATの役割として、適切なものはどれか。

ア 接続されたPCに対してIPアドレスを自動的に割り当てる。
イ プライベートIPアドレスとグローバルIPアドレスを相互に変換する。
ウ ドメイン名とIPアドレスの対応関係を管理する。
エ 内部ネットワーク内のPCに代わってインターネットに接続する。

# 77 インターネット上のアクセスの仕組み

重要度 ★★☆

インターネット上のサーバにアクセスするときの仕組みを理解しましょう。

### ●ドメイン名

IPアドレスを人間にわかりやすい文字の組合せで表したもの。

例： www.fom.fujitsu.com

### ●DNS

IPアドレスとドメイン名を1：1の関係で対応付けて管理するサービスの仕組みのこと。コンピュータ同士が通信する際、相手のコンピュータを探すためにIPアドレスを使用するが、IPアドレスは数字の羅列で人間にとって扱いにくいので、別名としてドメイン名が使用される。「Domain Name System」の略。

この対応付けを管理する仕組みを持つサーバのことを「DNSサーバ」という。

例：○○○.co.jpにアクセスする場合

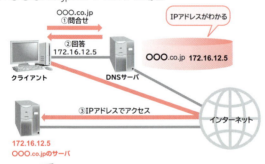

### More

### NTP

ネットワーク上で時刻を同期するプロトコルのこと。コンピュータの内部時計は、自由に設定することもできるが、NTPを使って基準になる時刻情報を持つサーバ（NTPサーバ）とネットワークを介して同期することで、正確な時刻情報を維持することができる。「Network Time Protocol」の略。

技術要素（ネットワーク）

# 78 電子メール

重要度 ★★★

電子メールで利用されるプロトコルや指定する宛先の種類や特徴を理解しましょう。

## ●電子メール

メッセージのやり取りを行うサービスのこと。「E-mail」ともいう。

## ●電子メールで利用されるプロトコル

電子メールで利用されるプロトコル（コンピュータ同士がデータ通信するためのルール）には、次のようなものがある。

| プロトコル | 説明 |
| --- | --- |
| SMTP | 電子メールを送信または転送するためのプロトコルのこと。メールクライアントからメールサーバに電子メールを送信する際や、メールサーバ同士で電子メールを転送する際に使用される。<br>「Simple Mail Transfer Protocol」の略。 |
| POP | 電子メールを受信するためのプロトコルのこと。メールサーバに保存されている利用者宛ての新着の電子メールを一括して受信する。<br>「Post Office Protocol」の略。 |
| IMAP | 電子メールを受信するためのプロトコルのこと。電子メールをメールサーバ上で保管し、未読／既読などの状態もメールサーバ上で管理できる。<br>「Internet Message Access Protocol」の略。 |
| MIME | 電子メールで送受信できるデータ形式を拡張するプロトコルのこと。もともとテキスト形式しか扱えなかったが、静止画像や動画像、音声などのマルチメディアも添付ファイルとして送受信できる。<br>「Multipurpose Internet Mail Extensions」の略。 |
| S/MIME | MIMEにセキュリティ機能（暗号化機能）を追加したプロトコルのこと。電子メールの盗聴やなりすまし、改ざんなどを防ぐことができる。<br>「Secure/MIME」の略。 |

| ストラテジ系 | マネジメント系 | **テクノロジ系** |

**例**：AからDへの電子メール送信時のプロトコル

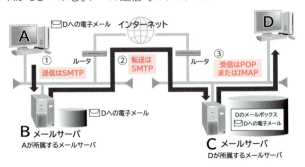

### More

**電子メールのメッセージ形式**
電子メールのメッセージ形式には、次のようなものがある。

| メッセージ形式 | 説明 |
| --- | --- |
| HTML形式 | 受信側でメール本文中に表示される文字サイズや色などの書式を、送信側で指定することができる。メール本文中に図や画像などを貼り付けることができる。 |
| テキスト形式 | 単に文字列だけのデータであり、書式の指定や、メール本文中に図や画像などの貼り付けはできない。なお、図や画像などは、メールにファイル添付をすることはできる。 |

### Let's Try 【84】

PCやスマートフォンなど複数の端末でメール受信する場合において、メールサーバ側でメールの既読有無も管理できるプロトコルはどれか。

ア SMTP　　イ POP　　ウ IMAP　　エ MIME

技術要素（ネットワーク）

## ●電子メールで指定する宛先

同じ内容の電子メールを複数のメールアドレスに送信する場合は、宛先の種類を次のように使い分ける。

| 宛先 | 説明 |
| --- | --- |
| TO | 正規の相手のメールアドレスを指定する。 |
| CC | 正規の相手以外に、参考として読んで欲しい相手のメールアドレスを指定する。「Carbon Copy」の略。 |
| BCC | 指定するメールアドレスは、当人以外に公開されない。電子メールを別の人に送信したことを知られたくない場合や、電子メールを送信する複数の相手がお互いに面識がない場合に使う。「Blind Carbon Copy」の略。 |

Webメール
電子メールソフトを利用しなくても、Webブラウザを利用して電子メールの送受信ができる仕組みのこと。

### Let's Try【85】

電子メールで指定する宛先のうち、BCCの説明はどれか。

ア 正規の相手のメールアドレスを指定するもの。
イ 参考に読んでほしい相手のメールアドレスを指定するもの。
ウ メールアドレスは当人以外には公開されないもの。
エ Webブラウザを利用した送受信ができるもの。

ストラテジ系　マネジメント系　**テクノロジ系**

## 79 伝送時間の計算

重要度 ★★☆

☑ 伝送時間を求める計算式を覚えて、計算できるようになりましょう。

### ●伝送時間
データを伝送する際に必要な時間のこと。伝送時間は、次の計算式で求めることができる。

> 伝送時間＝伝送するデータ量÷（回線の伝送速度×伝送効率）

この計算式は、データを送信するのに必要な時間や、データをダウンロードするのに必要な時間などを求めるときに使う。

**例**：次の条件でデータを送信するのに必要な時間は、400秒となる。
　　送信データ：3GBの動画像
　　回線速度　：100Mbps
　　伝送効率　：60％

〔伝送時間の計算〕
　3GB　　　＝3,000MB
　100Mbps＝12.5MB／秒
　伝送時間　＝伝送するデータ量÷（回線の伝送速度×伝送効率）
　　　　　　＝3,000MB÷（12.5MB／秒×0.6）＝400秒

**例**：次の条件でデータをダウンロードするのに必要な時間は、25秒となる。
　　送信データ：50GBのビッグデータ
　　回線速度　：20Gbps
　　伝送効率　：80％

〔伝送時間の計算〕
　20Gbps　＝2.5GB／秒
　伝送時間　＝伝送するデータ量÷（回線の伝送速度×伝送効率）
　　　　　　＝50GB÷（2.5GB／秒×0.8）＝25秒

# 5日目

テクノロジ系の「技術要素（セキュリティ）」
を集中的に学習します。

技術要素
・セキュリティ

ストラテジ系　マネジメント系　**テクノロジ系**

## 80 脅威と脆弱性

重要度 ★☆☆

> 脅威と脆弱性の特徴と、その違いを理解しましょう。

### ●情報セキュリティ

企業や組織の大切な資産である情報を、安全な状態となるように守ること。様々な「**脅威**」に対して適切な情報セキュリティ対策を講じることで、「情報資産」を安全に保つ必要がある。

> **More**
>
> **情報資産**
> データやソフトウェア、コンピュータやネットワーク機器などの守るべき価値のある資産のこと。

### ●脅威

情報資産を脅かし、損害を与える直接の要因となるもの。
例えば、「紙の書類」にとっての脅威のひとつが「火」であり、「PC」にとっての脅威のひとつが「マルウェア」になる。

### ●脆弱性

脅威を受け入れてしまう情報セキュリティ上の欠陥や弱点のこと。
例えば、「火」の脅威を受け入れてしまう脆弱性のひとつが「**紙が燃えやすいこと**」であり、「マルウェア」の脅威を受け入れてしまう脆弱性のひとつが「**情報セキュリティに対する無知**」になる。

---

**Let's Try【86】**

脅威と脆弱性のうち、脆弱性に該当するものはどれか。

ア　コンピュータウイルスに感染する。
イ　パスワードが安全に管理されていない。
ウ　通信内容を盗聴される。
エ　SDメモリカードから機密情報が盗み出される。

技術要素（セキュリティ）

# 81 人的脅威と物理的脅威

重要度 ★★★

人的脅威と物理的脅威の特徴を理解しましょう。

## ●人的脅威

人間によって発生する脅威のこと。
情報の紛失や誤送信などのほか、人的手口によって重要な情報を入手し、その情報を悪用する「ソーシャルエンジニアリング」がある。技術的な知識がなくても、人間の心理的な隙や不注意に付け込んで、誰でも簡単に情報を悪用できるため、警戒が必要となる。

> **More**
>
> ショルダーハック
> 気付かれないように肩越しにスクリーンをのぞき込み、パスワードの入力情報や資料などを盗み見ること。

### Let's Try【87】

ソーシャルエンジニアリングに分類されるショルダーハックを防止する対策として、適切なものはどれか。

ア セキュリティワイヤを取り付ける。
イ OSを常に最新の状態にする。
ウ 監視カメラを設置する。
エ スクリーンにのぞき見防止フィルムを貼る。

## ●物理的脅威

物理的な要素によって発生する脅威のこと。
自然災害や、破壊、妨害行為などによって、情報にアクセスできなかったり情報が壊れてしまったりすることで、業務の遂行やサービスの提供に支障をきたしてしまうことがある。

ストラテジ系　マネジメント系　**テクノロジ系**

## 82 技術的脅威

技術的脅威には、様々なものがあります。技術的脅威の種類と特徴を理解しましょう。

### ●技術的脅威
IT技術によって発生する脅威のこと。
大きく分けて、「マルウェア」に感染させたり、Webサーバやメールサーバなどの外部からアクセスできるサーバに過負荷をかけてサービスを停止させたりするような攻撃（サイバー攻撃手法）がある。

> **More**
> **サイバー攻撃**
> コンピュータシステムやネットワークに不正に侵入し、データの搾取や破壊、改ざんなどを行ったり、システムを破壊して使用不能に陥らせたりする攻撃の総称のこと。

### ●マルウェア
悪意を持ったソフトウェアの総称のこと。「コンピュータウイルス」より概念としては広く、利用者に不利益を与えるソフトウェアや不正プログラムの総称として使われる。

> **More**
> **コンピュータウイルス**
> ユーザの知らない間にコンピュータに侵入し、コンピュータ内のデータを破壊したり、ほかのコンピュータに増殖したりすることなどを目的に作られた、悪意のあるプログラムのこと。単に「ウイルス」ともいう。

技術要素（セキュリティ）

## ●マルウェアの種類

マルウェアの種類には、次のようなものがある。

| 種類 | 説明 |
|---|---|
| ボット（BOT） | コンピュータを悪用することを目的に作られたコンピュータウイルスのこと。感染すると、コンピュータが操られ、DoS攻撃やメール爆弾などの迷惑行為が行われる。第三者が感染先のコンピュータを「ロボット（robot）」のように操れることから、この名が付いた。 |
| スパイウェア | コンピュータ内部からインターネットに個人情報などを送り出すソフトウェアの総称のこと。ユーザはコンピュータにこのソフトウェアがインストールされていることに気付かないことが多いため、深刻な被害をもたらす。 |
| ランサムウェア | コンピュータの一部の機能を使えないようにして、元に戻す代わりに金銭を要求するプログラムのこと。ランサムとは「身代金」のことであり、具体的にはコンピュータの操作をロックしたり、ファイルを暗号化したりして、利用者がアクセスできない状態にする。その後、画面メッセージなどで「元に戻してほしければ金銭を支払うこと」などの内容を利用者に伝え、金銭の支払い方法は銀行口座振込や電子マネーの送信などが指示される。 |
| ワーム | ネットワークに接続されたコンピュータに対して、次々と自己増殖していくプログラムのこと。 |
| トロイの木馬 | 自らを有用なプログラムだとユーザに信じ込ませ、実行するように仕向けられたプログラムのこと。 |
| マクロウイルス | 文書作成ソフトや表計算ソフトなどのマクロ機能を悪用して作られたコンピュータウイルスであり、それらのソフトのデータファイルに感染する。感染しているファイルを開くことで感染する。マクロ機能を無効にすることで、ファイルを開いても感染を防ぐことができる。 |
| RAT | コンピュータのすべての操作が許可された管理者権限を奪って、遠隔操作することでコンピュータを操るプログラムのこと。「Remote Access Tool」の略。 |

| ストラテジ系 | マネジメント系 | テクノロジ系 |
| --- | --- | --- |

| 種類 | 説明 |
| --- | --- |
| キーロガー | 利用者IDやパスワードを奪取するなどの目的で、キーボードから入力される内容を記録するプログラムのこと。 |
| バックドア | コンピュータへの侵入者が、通常のアクセス経路以外から侵入するために組み込む裏口のようなアクセス経路のこと。侵入者は、これを確保することによって、コンピュータの管理者に気付かれないようにして、コンピュータに何度でも侵入する。 |
| ルートキット（rootkit） | コンピュータへの侵入者が不正侵入したあとに使うソフトウェアをまとめたパッケージのこと。ルート権限を奪うツール、侵入の痕跡を削除するツール、再びサーバに侵入できるようにバックドアを設置するツールなどがある。 |
| ファイル交換ソフトウェア | ネットワーク上のコンピュータ同士でファイル交換を行えるようにしたソフトウェアのこと。このソフトウェアをインストールしたコンピュータでファイルを公開すると、ほかのコンピュータでもファイルをダウンロードできるため、不用意に使用してしまうと深刻な情報漏えいにつながってしまう。 |
| SPAM | 主に宣伝・広告・詐欺などの目的で不特定多数のユーザに大量に送信される電子メールのこと。「迷惑メール」、「スパムメール」ともいう。 |
| チェーンメール | 同じ文面の電子メールを不特定多数に送信するように指示し、次々と連鎖的に転送されるようにしくまれた電子メールのこと。ネットワークやサーバに無駄な負荷をかけることになる。 |

## Let's Try【88】

PCのファイルが勝手に暗号化されて使えなくなった。画面には「ファイルを復号するにはキーが必要となります。指定の振込先に支払うことでキーを案内します。」と表示された。この事例に該当するマルウェアとして、適切なものはどれか。

ア スパイウェア　　　　　　　　イ ランサムウェア
ウ キーロガー　　　　　　　　　エ ルートキット

技術要素（セキュリティ）

## ●サイバー攻撃手法の種類

サイバー攻撃手法の種類には、次のようなものがある。

| 種類 | 説明 |
|---|---|
| 辞書攻撃 | 利用者IDやパスワードの候補が大量に記述されているファイル（辞書ファイル）を用いて、その組合せでログインを試す攻撃のこと。辞書ファイルには、一般的な単語や、利用されやすい単語が掲載されている。 |
| 総当たり（ブルートフォース）攻撃 | パスワードを解読するために、考えられるすべての文字の組合せをパスワードとして、順番にログインを試す攻撃のこと。ブルートフォースには「力ずく」という意味がある。<br>また、パスワードを固定し、利用者IDを総当たりにして、ログインを試す攻撃のことを「逆総当たり（リバースブルートフォース）攻撃」という。 |
| パスワードリスト攻撃 | 不正アクセスする目的で、情報漏えいなどによって、あるWebサイトから割り出した利用者IDとパスワードの組合せを使い、別のWebサイトへのログインを試す攻撃のこと。 |
| クロスサイトスクリプティング | ソフトウェアのセキュリティホールを利用して、Webサイトに悪意のあるコードを埋め込む攻撃のこと。悪意のあるコードを埋め込まれたWebサイトを閲覧し、掲示板やWebフォームに入力したときなどに、悪意のあるコードをユーザのWebブラウザ上で実行させることで、個人情報が盗み出されたりコンピュータ上のファイルが破壊されたりする。 |
| SQLインジェクション | データベースを利用するWebサイトにおいて、想定されていない構文を入力しSQLを実行させることで、プログラムを誤動作させ不正にデータベースのデータを入手したり、改ざんしたりする攻撃のこと。 |
| ドライブバイダウンロード | Webサイトを表示しただけで、利用者が気付かないうちに不正なプログラムを自動的にダウンロードさせる攻撃のこと。 |
| ガンブラー | 組織のWebページを改ざんし、改ざんされたWebページを閲覧するだけでコンピュータウイルスに感染させる攻撃のこと。 |

154

| | ストラテジ系 | | マネジメント系 | | テクノロジ系 |

| 種類 | 説明 |
|---|---|
| キャッシュポイズ ニング | DNSサーバの「名前解決情報（ドメイン名とIPアドレスを紐づけしたリスト）」が格納されているキャッシュ（記憶領域）に対して、偽の情報を送り込む攻撃のこと。「DNSキャッシュポイズニング」ともいう。<br>DNSサーバがクライアントからドメインの名前解決の依頼を受けると、キャッシュに設定された偽のIPアドレスを返すため、クライアントは本来アクセスしたいWebサイトではなく、攻撃者が用意した偽のWebサイトに誘導される。 |
| DoS攻撃 | サーバに過負荷をかけ、その機能を停止させること。一般的には、サーバが処理することができないくらいの大量のパケットを送る方法が使われる。「Denial of Service」の略であり、日本語では「サービス妨害」の意味。 |
| DDoS攻撃 | 複数の端末からDoS攻撃を行う攻撃のこと。DoS攻撃の規模を格段に上げたもので、「分散型DoS攻撃」ともいう。<br>脆弱性のある端末をボット（BOT）で乗っ取った「ゾンビコンピュータ」がよく使われ、大量のゾンビコンピュータで構成される「ボットネット」から攻撃対象のサーバを一斉に攻撃する。DoS攻撃と比較にならないほど規模が巨大になるだけでなく、攻撃元が操られたゾンビコンピュータなので、真犯人の足がつきにくいという特徴がある。「Distributed Denial of Service」の略。 |
| メール爆弾 | メールサーバに対して大量の電子メールを送り過負荷をかけ、その機能を停止させること。 |
| バッファオーバフロー攻撃 | コンピュータ上で動作しているプログラムで確保しているメモリ容量（バッファ）を超えるデータを送り、バッファを溢れさせ攻撃者が意図する不正な処理を実行させること。 |
| ポートスキャン | コンピュータのポートに順番にアクセスして、開いているポートを探し出すこと。攻撃者は、開いているポートを特定し、侵入できそうなポートを探し出す。 |

## 技術要素（セキュリティ）

| 種類 | 説明 |
|---|---|
| IPスプーフィング | 攻撃元を隠ぺいするために、偽りの送信元IPアドレスを持ったパケットを送信する攻撃のこと。例えば、送信側（攻撃者）が受信側のネットワークのIPアドレスになりすまして送信するので、受信側ではネットワークへの侵入を許してしまう。 |
| ゼロデイ攻撃 | ソフトウェアのセキュリティホールが発見されると、OSメーカやソフトウェアメーカからセキュリティホールを修復するプログラムが配布される。このセキュリティホールの発見から修復プログラムの配布までの期間に、セキュリティホールを悪用して行われる攻撃のこと。 |
| 水飲み場型攻撃 | 標的型攻撃のひとつで、攻撃対象とするユーザが普段から頻繁にアクセスするWebサイトに不正プログラムを埋め込み、そのWebサイトを閲覧したときだけ、マルウェアに感染するような罠を仕掛ける攻撃のこと。 |
| やり取り型攻撃 | 標的型攻撃のひとつで、標的とする相手に合わせて、電子メールなどを使って段階的にやり取りを行い、相手を油断させることによって不正プログラムを実行させる攻撃のこと。 |
| フィッシング | 実在する企業や団体を装った電子メールを送信するなどして、受信者個人の金融情報（クレジットカード番号、利用者ID、パスワード）などを不正に入手する行為のこと。 |
| ワンクリック詐欺 | 画面上の画像や文字をクリックしただけで、入会金や使用料などの料金を請求するような詐欺のこと。多くは、利用規約や料金などの説明が、小さい文字で書かれていたり、別のページで説明されていたりと、ユーザが読まないことを想定したページの作りになっている。 |
| MITB攻撃 | マルウェアなどに感染させてWebブラウザを乗っ取り、不正に操作を行う攻撃のこと。<br>「Man In The Browser」の略。 |

| ストラテジ系 | マネジメント系 | **テクノロジ系** |
| --- | --- | --- |

**More**

### セキュリティホール
セキュリティ上の不具合や欠陥のこと。

### サニタイジング
利用者がWebサイトに入力した文字列の中に特別の意味を持つ文字列が含まれていた場合、それらを別の文字列に置き換えて無害化し、不正なSQLが実行されないようにすること。「SQLインジェクション」の対策などで用いられる。

### 標的型攻撃
企業・組織の特定のユーザを対象とした攻撃のこと。関係者を装うことで特定のユーザを信用させ、機密情報を搾取したり、ウイルスメールを送信したりする。代表的な例として、水飲み場型攻撃や、やり取り型攻撃などがある。

---

### Let's Try【89】
あるWebサイトからIDとパスワードが漏えいし、別のWebサイトでこのIDとパスワードを使って不正侵入された。この攻撃に該当するものはどれか。

ア　パスワードリスト攻撃　　　　　イ　ゼロデイ攻撃
ウ　水飲み場型攻撃　　　　　　　　エ　MITB攻撃

---

### Let's Try【90】
SQLインジェクションの対策で用いられ、利用者がWebサイトに入力した文字列の中に特別の意味を持つ文字列が含まれていた場合、それを無害な文字列に置き換えることを何というか。

ア　ガンブラー　　　　　　　　　　イ　SPAM
ウ　サニタイジング　　　　　　　　エ　フィッシング

---

### Let's Try【91】
IoT機器がマルウェアに感染し、他の多数のIoT機器にも次々に感染した。これら感染したIoT機器から、ある決まった時間に、ある特定のシステムを一斉に攻撃し、サービス不能に陥らせた。この攻撃に該当するものはどれか。

ア　総当たり攻撃　　　　　　　　　イ　DoS攻撃
ウ　DDoS攻撃　　　　　　　　　　エ　バッファオーバフロー攻撃

技術要素（セキュリティ）

## 83 不正のメカニズム

重要度 ★★★

☑ 不正のメカニズムにはどのようなものがあるかを理解しましょう。

### ●不正のトライアングル

米国の犯罪学者クレッシーが、実際の犯罪者を調べるなどして「人が不正行為を働くまでには、どのような仕組みが働くのか」を理論として取りまとめたもの。この理論では、不正行為は、次の3要素がそろったときに発生するとしている。

| 要素 | 説明 |
|---|---|
| 機会 | 不正行為を実行しやすい環境が存在すること。例えば、「機密資料の入っている棚に鍵がかけてあっても、鍵の保管場所は社員全員が知っている」などが該当する。 |
| 動機 | 不正を起こす要因となる事情のこと。例えば、「経済的に困窮していたり、会社に恨みを持っていたりする」などが該当する。 |
| 正当化 | 都合のよい解釈や他人への責任転嫁など、自分勝手な理由付けのこと。例えば、「この会社は経営者が暴利をむさぼっているのだから、少しぐらい金銭を盗んだって問題ない」などと勝手に考えることが該当する。 |

---

**Let's Try【92】**

不正のトライアングルを構成する3要素として、適切なものはどれか。

ア 機会、情報、動機
イ 機会、情報、正当化
ウ 情報、動機、正当化
エ 機会、動機、正当化

[ ストラテジ系 ]　[ マネジメント系 ]　[ テクノロジ系 ]

## 84 リスクマネジメント

重要度 ★★★

> リスクマネジメントが何から成り立っているかを覚え、リスク対応の種類と特徴を理解しましょう。

### ●リスクマネジメント

リスクを把握・分析し、それらのリスクを発生頻度と影響度の観点から評価したあと、リスクの種類に応じて対策を講じること。「リスクアセスメント」と「リスク対応」から成り立っている。
次のような手順で実施する。

| | |
|---|---|
| リスク特定 | リスクがどこに、どのように存在しているかを特定する。 |

| | |
|---|---|
| リスク分析 | どの程度の損失をもたらすか、影響の大きさを分析する。 |

| | |
|---|---|
| リスク評価 | 予測される発生確率と損失額の大きいものから優先順位を付ける。情報資産に対するリスクは、資産価値や脅威と脆弱性を基に評価する。 |

｝リスクアセスメント

| | |
|---|---|
| リスク対応 | 具体的な対策を決定し、対応マニュアルの整備や、教育・訓練などを実施する。 |

### ●リスクアセスメント

リスクを特定し、分析し、評価すること。リスクを特定・分析・評価することで、組織のどこにどのようなリスクがあるか、また、それはどの程度の大きさかということを明らかにする。

技術要素（セキュリティ）

**Let's Try【93】**

リスクアセスメントに含まれるものだけを、すべて挙げたものはどれか。

ア リスク特定、リスク分析
イ リスク特定、リスク分析、リスク対応
ウ リスク特定、リスク分析、リスク評価
エ リスク特定、リスク評価、リスク対応

## ●リスク対応

リスク評価の結果に基づいて、情報セキュリティを維持するための具体的な対策を決定し、対策を講じること。次のような対策がある。

| 対策 | 説明 |
|---|---|
| リスク回避 | リスクが発生しそうな状況を避けること。例えば、情報資産をインターネットから切り離したり、情報資産を破棄したりする。 |
| リスク軽減 | 損失をまねく原因や情報資産を複数に分割し、影響を小規模に抑えること。例えば、情報資産を管理するコンピュータや人材を複数に分けて管理したり、セキュリティ対策を行ったりする。「リスク低減」、「リスク分散」ともいう。 |
| リスク転嫁 | 契約などにより、他者に責任を移転すること。例えば、情報資産の管理を外部に委託したり、保険に加入したりする。「リスク移転」ともいう。 |
| リスク受容 | 自ら責任を負い、損失を負担すること。リスクがあまり大きくない場合に採用されるもので、特段の対応は行わずに、損失発生時の補償金などの負担を想定する。「リスク保有」ともいう。 |

**Let's Try【94】**

リスク転嫁に該当する事例として、適切なものはどれか。

ア 特段の対応は行わず、補償金などの負担を想定しておく。
イ リスクの大きいと考えるサービスから撤退する。
ウ 保険などにより、リスクを他者に移す。
エ セキュリティ対策により、リスクが発生する可能性を下げる。

160

ストラテジ系　マネジメント系　**テクノロジ系**

## 85 情報セキュリティの要素

重要度 ★★★

> 情報セキュリティの要素にはどのようなものがあるかを理解しましょう。

### ●情報セキュリティの要素

情報セキュリティの目的を達成するためには、情報の「機密性」「完全性」「可用性」の3つの要素（情報セキュリティの三大要素）を確保・維持することが重要である。これらをバランスよく確保・維持することによって、様々な脅威から情報システムや情報を保護し、情報システムの信頼性を高めることができる。

情報セキュリティの要素には、これら3つの要素を含め、次のように合計7つの要素がある。

| 要素 | 説明 |
| --- | --- |
| 機密性 | アクセスを許可された者だけが、情報にアクセスできること。 |
| 完全性 | 情報および処理方法が正確であり、完全である状態に保たれていること。 |
| 可用性 | 認可された利用者が必要なときに、情報および関連する資産にアクセスできること。 |
| 真正性 | 利用者、システム、情報などが、間違いなく本物であると保証（認証）すること。 |
| 責任追跡性 | 利用者やプロセス（サービス）などの動作・行動を一意に追跡でき、その責任を明確にできること。 |
| 否認防止 | ある事象や行動が発生した事実を、あとになって否認されないように保証できること。 |
| 信頼性 | 情報システムやプロセス（サービス）が矛盾なく、一貫して期待した結果を導くこと。 |

---

**Let's Try【95】**
あるデータが誤って入力された。これは情報セキュリティの要素のうち、どの要素に対応した事故に該当するか。

ア 機密性　　　イ 完全性　　　ウ 可用性　　　エ 真正性

技術要素（セキュリティ）

##  情報セキュリティ管理

情報セキュリティを管理するための考え方にはどのようなものがあるかを理解しましょう。

### ●情報セキュリティマネジメントシステム（ISMS）

リスクを分析・評価することによって必要な情報セキュリティ対策を講じ、組織が一丸となって情報セキュリティを向上させるための仕組みのこと。「Information Security Management System」の略。この仕組みを効率的に実施していくためには、PDCAサイクルを確立し、継続的に実施する。PDCAサイクルは、P（Plan：計画）→D（Do：運用）→C（Check：評価）→A（Act：改善）で実施する。

### ●情報セキュリティポリシ

組織全体で統一性のとれた情報セキュリティ対策を実施するために、技術的な対策だけでなく、システムの利用面や運用面、組織の体制面など、組織における基本的なセキュリティ方針を明確にしたもの。「情報セキュリティ方針」ともいう。次の3つで構成されるが、通常は「基本方針」「対策基準」の2つを指す。

| 種類 | 説明 |
| --- | --- |
| 基本方針 | その組織の情報セキュリティに関しての取組み方を経営トップの指針として示すもの。 |
| 対策基準 | 基本方針に基づき、「どの情報資産を、どのような脅威から、どの程度守るのか」といった具体的な守るべき行為や判断基準を設けるもの。 |
| 実施手順 | 対策基準に定められた内容を個々の具体的な業務や情報システムにおいて、どのような手順で実行していくのかを示すもの。 |

### Let's Try【96】

情報セキュリティポリシの基本方針に記載するものはどれか。
ア　情報資産を守るための具体的な実施手順
イ　情報資産を守るための行為や判断基準
ウ　経営者が情報セキュリティに取り組む姿勢
エ　情報システムが経営に貢献しているかどうかの判断基準

ストラテジ系　マネジメント系　**テクノロジ系**

## 87 情報セキュリティ組織・機関

重要度 ★☆☆

> 代表的な情報セキュリティ組織・機関にはどのようなものがあるかを理解しましょう。

### ●情報セキュリティ組織・機関

情報セキュリティに関する組織や機関では、不正アクセスやサイバー攻撃などの被害状況の把握、役立つ情報発信、再発防止のための提言などを行う。代表的な情報セキュリティ組織・機関には、次のようなものがある。

| 名称 | 説明 |
|---|---|
| 情報セキュリティ委員会 | 組織における情報セキュリティマネジメントの最高意思決定機関のこと。CISO（最高情報セキュリティ責任者）が主催し、経営陣や各部門の長が出席する。この場で、情報セキュリティポリシなどの組織全体における基本的な方針が決定される。 |
| CSIRT（シーサート） | サイバー攻撃による情報漏えいや障害など、セキュリティ事故が発生した場合に対処するための組織の総称のこと。セキュリティに関するインシデント管理を統括的に行い、被害の拡大防止に努める。組織内に設置されたものから国レベル（政府機関）のものまで、様々な規模のものがある。「Computer Security Incident Response Team」の略。日本の国レベルの代表的なものに「JPCERT/CC（一般社団法人JPCERTコーディネーションセンター）」がある。 |
| サイバーレスキュー隊（J-CRAT） | 標的型攻撃の被害拡大防止のために、相談を受けた組織の被害の低減と、攻撃の連鎖の遮断を支援する活動を行う組織のこと。情報処理推進機構（IPA）内に設置されている。「Cyber Rescue and Advice Team against targeted attack of Japan」の略。 |

---

**Let's Try【97】**

セキュリティ事故が発生した場合に対応を行う組織として、最も適切なものはどれか。

ア　情報セキュリティ委員会　　イ　CSIRT
ウ　ISMS　　　　　　　　　　　エ　J-CRAT

163

技術要素（セキュリティ）

# 88 人的セキュリティ対策

重要度

人的セキュリティ対策で利用できるガイドラインを理解しましょう。

## ●人的セキュリティ対策
人間によって発生する「人的脅威」に対する対策（人的セキュリティ対策）には、情報セキュリティポリシの実現、情報セキュリティ啓発、アクセス管理などがある。人的セキュリティ対策として、内部不正を防止するためのガイドラインが公開されている。

## ●組織における内部不正防止ガイドライン
企業やその他の組織が効果的な内部不正対策を実施できることを目的として、情報処理推進機構（IPA）が公開しているガイドラインのこと。次の5つを基本原則としている。

> ▶犯行を難しくする（やりにくくする）
> ▶捕まるリスクを高める（やると見つかる）
> ▶犯行の見返りを減らす（割に合わない）
> ▶犯行の誘因を減らす（その気にさせない）
> ▶犯罪の弁明をさせない（言い訳させない）

### More

**セキュリティバイデザイン**
システムの企画・設計の段階からセキュリティを確保する方策のこと。

**ディジタルフォレンジックス**
情報漏えいや不正アクセスなどのコンピュータ犯罪や事件が発生した場合に、ログ（アクセスした記録）やハードディスクの内容を解析するなど、法的な証拠を明らかにするための手段や技術のこと。

### Let's Try【98】
不正アクセスの被害が派生した場合、関係するログやデータなどの収集や分析を行い、法的な証拠性を明らかにするための手段や技術はどれか。

ア セキュリティホール　　イ セキュリティバイデザイン
ウ ディジタルフォレンジックス　　エ ディジタルディバイド

ストラテジ系　マネジメント系　**テクノロジ系**

## 89 技術的セキュリティ対策

重要度 ★★★

> 技術的セキュリティ対策には、用途に応じて様々なものがあります。技術的セキュリティ対策の種類と特徴を理解しましょう。

### ●技術的セキュリティ対策
IT技術によって発生する「技術的脅威」に対する対策（技術的セキュリティ対策）には、マルウェア対策や無線LAN対策など、用途に応じて様々なものがある。

### ●マルウェア対策ソフト
マルウェアに感染していないかを検査したり、感染した場合にマルウェアを駆除したりする機能を持つソフトウェアのこと。インターネットからダウンロードしたファイルや受信した電子メールは、マルウェアに感染している可能性があるので、このソフトウェアでマルウェアのチェックをする。また、外部から持ち込まれるUSBメモリなどからも感染する可能性があるので、使用前にこのソフトウェアでマルウェアのチェックをする。
なお、「マルウェア定義ファイル（マルウェアの検出情報）」を漏れなく更新し、常に最新の状態に保ったうえで、マルウェアのチェックをすることが重要である。

> **More**
>
> **検疫ネットワーク**
> 社内のネットワークに接続しようとするコンピュータを検査し、問題がないことを確認したコンピュータだけ社内のネットワークに接続することを許可する仕組みのこと。OSのアップデートやマルウェア対策ソフトのマルウェア定義ファイルなどを確認し、最新化されていないコンピュータを一時的に隔離することで、マルウェアへの感染の広がりを予防する。

165

技術要素（セキュリティ）

## ● OSアップデート・セキュリティパッチ適用

OSやソフトウェアは、開発メーカから脆弱性情報が公開情報としてアナウンスされる。脆弱性情報を入手した場合は、速やかにOSのアップデートや、セキュリティパッチの適用をする必要がある。

## ● ファイアウォール

インターネットからの不正侵入を防御する仕組みのこと。社内のネットワークとインターネットの出入り口となって、通信を監視し、不正な通信を遮断する。

最も基本となる機能が「パケットフィルタリング」であり、パケットのIPアドレスやTCPポート番号などを調べ、あらかじめ登録されている許可されたIPアドレスやTCPポート番号などを持つパケットだけを通過させる。これにより、許可されていないパケットの侵入を防ぐ。

**パケット**
データを一定の長さ以下に分割したデータ転送の単位のこと。

**VPN**
公衆回線をあたかも自社内で構築したネットワークのような使い勝手で利用できる仮想的なネットワークのこと。「Virtual Private Network」の略。

## ● プロキシサーバ

社内のコンピュータがインターネットにアクセスするときに通信を中継するサーバのこと。「プロキシ」または「アプリケーションゲートウェイ」ともいう。

社内のコンピュータに代わって、この中継サーバを経由してインターネットに接続することによって、各コンピュータのIPアドレスを隠匿し、攻撃の対象となる危険性を減少させることができる。また、閲覧させたくない有害なWebページへのアクセスを規制することができる。

ストラテジ系　マネジメント系　**テクノロジ系**

● DMZ

社内のネットワークとインターネットなどの外部のネットワークの間に設置するネットワーク領域のこと。「非武装地帯」ともいう。「DeMilitarized Zone」の略。

企業がインターネットに公開するWebサーバやメールサーバ、プロキシサーバなどは、このネットワーク領域に設置する。「DMZ」で公開されたサーバは、社内のネットワークからのアクセスはもちろんのこと、インターネットからのアクセスも許可する。社内のネットワークから「DMZ」を経由して、インターネットにアクセスすることも許可するが、インターネットから「DMZ」を経由して、社内のネットワークにアクセスすることは許可しない。

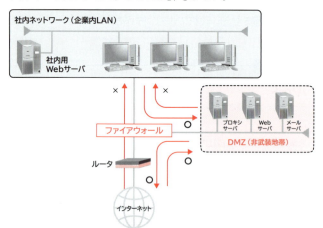

### Let's Try 【99】

外部と通信するWebサーバをDMZに配置する理由として、適切なものはどれか。

ア　Webサーバを踏み台にして、内部ネットワークから外部ネットワークに侵入されないようにするため。
イ　Webサーバを踏み台にして、外部ネットワークから社内ネットワークに侵入されないようにするため。
ウ　Webサーバを経由して、外部ネットワークから社内ネットワークにアクセスできるようにするため。
エ　外部ネットワークから、Webサーバにアクセスできないようにするため。

技術要素（セキュリティ）

## ●無線LANのセキュリティ対策

無線LANでは、電波の届く範囲内であれば通信ができてしまうということから、ケーブルを利用したLAN以上にセキュリティを考慮しなければならない。無線LANのセキュリティ対策には、次のようなものがある。

| 対策 | 説明 |
|---|---|
| MACアドレスフィルタリング | LANのアクセスポイント（接続点）にあらかじめ登録されているMACアドレス（製造段階で付けられる48ビットの一意の番号）の端末だけをLANに接続するようにする機能のこと。MACアドレスが登録されていない端末を無線LANに接続できないようにする。 |
| ESSIDステルス | 無線LANのネットワークを識別するための文字列であるESSIDを知らせる発信を停止（ビーコンの発信を停止）すること。LANのアクセスポイントを周囲に知られにくくすることができる。 |
| ANY接続拒否 | 電波が届く範囲にあるアクセスポイントをすべて検出し、一覧の中から接続するアクセスポイントを選択する方法（ANY接続）を拒否すること。この接続を拒否することにより、他の端末からの接続を防ぐことができる。 |
| WPA2 | 無線LANの暗号化プロトコル（コンピュータ同士がデータ通信するための暗号化ルール）のことであり、「WPA」の後継で電波そのものを暗号化し、認証機能と組み合わせて保護する。盗聴を防止することができる。「Wi-Fi Protected Access 2」の略。なお、「WEP」には脆弱性が報告されており、その後継の「WPA」にも脆弱性が報告されていることから、現在ではこの暗号化プロトコルが利用されている。 |

### Let's Try【100】

無線LANにおいて、あらかじめアクセスポイントに登録された機器だけに接続を許可するセキュリティ対策はどれか。

ア　MACアドレスフィルタリング　　　イ　ESSIDステルス
ウ　ANY接続拒否　　　　　　　　　　エ　WPA2

| ストラテジ系 | マネジメント系 | **テクノロジ系** |

### ●MDM

モバイル端末を一元的に管理する仕組みのこと。この仕組みを実現するためには、専用のソフトウェアを利用する。例えば、モバイル端末の状況の監視や、リモートロックなどを実施し、適切な端末管理を実現する。「Mobile Device Management」の略。日本語では「モバイル端末管理」の意味。

### ●ブロックチェーン

ネットワーク上にある端末同士を直接接続し、暗号化技術を用いて取引データを分散して管理する技術のこと。「仮想通貨（暗号資産）」に用いられている基盤技術である。

取引データを分散管理するため、従来型の取引データを一元管理する方法に比べて、ネットワークの一部に不具合が生じてもシステムを維持しやすく、なりすましやデータの改ざんが難しいという特徴がある。一方で、トランザクションが多くなり、処理時間が増加するという課題もある。

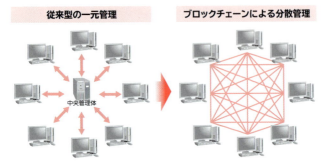

直前の取引履歴などのデータからハッシュ値を生成し、順次つなげて記録した分散型の台帳（ブロック）を、ネットワーク上の多数のコンピュータで同期して保有・管理する。これによって、一部の台帳で取引データが改ざんされても、取引データの完全性と可用性などが確保されることを特徴としている。

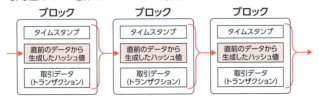

# 技術要素（セキュリティ）

### ハッシュ値

ハッシュ関数（元のデータから一定長のハッシュ値を生成する関数）によって生成される値のこと。元のデータを要約した短いデータである。比較するデータが同じかどうかを判断する目的で利用することができる。次のような特性がある。

- ▶ データ（ファイル）が同じであれば、常に同じハッシュ値が生成される。
- ▶ データが1文字でも異なっていれば、生成されるハッシュ値は大きく異なったものになる。
- ▶ ハッシュ値から元のデータを復元することができない。
- ▶ 異なるデータから同じハッシュ値が生成される可能性が非常に低い。

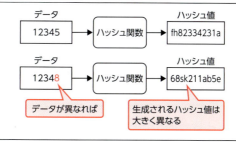

## Let's Try【101】

直前の取引履歴のデータからハッシュ値を生成し、順次つなげて記録した分散型の台帳を、ネットワーク上の多数のコンピュータで同期して管理することで、取引記録の改ざんを困難にする技術はどれか。

ア　ニューラルネットワーク　　イ　エッジコンピューティング
ウ　ブロックチェーン　　　　　エ　アクティブトラッカ

## Let's Try【102】

ブロックチェーンなどで利用されるハッシュ値の説明のうち、適切でないものはどれか。

ア　同じデータの場合、ハッシュ値は常に同じになる。
イ　ハッシュ値から元のデータを復元できる。
ウ　異なるデータから同じハッシュ値が生成される可能性が非常に低い。
エ　ハッシュ値を比較することで、データが同じかどうかを確認できる。

ストラテジ系　マネジメント系　**テクノロジ系**

## 90 物理的セキュリティ対策

重要度 ★★★

> 物理的セキュリティ対策の種類と特徴を理解しましょう。

### ●物理的セキュリティ対策

物理的な要素によって発生する「物理的脅威」に対する対策(物理的セキュリティ対策)には、次のようなものがある。

| 対策 | 説明 |
| --- | --- |
| 入退室管理 | 人の出入り(いつ・誰が・どこに)を管理すること。重要な情報や機密情報を扱っている建物や部屋には、許可された者だけ入退室を許可するとともに、入退室の記録を保存する必要がある。ICカードを用いることが多い。<br>また、「入室の記録がないと退室を許可しない」、「退室の記録がないと再入室を許可しない」というコントロールを行う仕組みのことを「アンチパスバック」という。 |
| 施錠管理 | 情報資産を管理する建物や部屋、ロッカーなどを施錠し、外部からの侵入と権限のない者の利用を防止することができる。 |
| 監視カメラの設置 | 不審者の行動を監視するために、カメラやビデオカメラを設置する。ドアなどの出入り口付近や機密情報の保管場所などに設置し、盗難や情報漏えいを防止するのに役立つ。 |
| 遠隔バックアップ | システムやデータをあらかじめ遠隔地にコピーしておくこと。災害時のコンピュータやハードディスクの障害によって、データやプログラムが破損した場合に備えておくものである。 |
| セキュリティケーブル | ノート型PCなどに取り付けられる、盗難を防止するための金属製の固定器具のこと。機器にこれを装着し、机などに固定すると、容易に持ち出しができなくなるため、盗難の防止に適している。「セキュリティワイヤ」ともいう。 |
| クリアデスク | 書類やノート型PCなど、情報が記録されたものを机の上に放置しないこと。 |
| クリアスクリーン | 離席するときにPCのスクリーンをロックするなど、ディスプレイを見られないようにすること。 |

171

技術要素（セキュリティ）

# 91 利用者認証の技術

重要度 ★★★

> 利用者認証の技術にどのようなものがあるかを理解し、その技術のうち異なる複数を使用した認証の用語を覚えましょう。

## ●利用者認証の技術

利用者認証の技術には、次のようなものがある。

| 技術 | 説明 |
| --- | --- |
| 知識による認証 | 本人しか知り得ない情報によって識別する照合技術のこと。利用者IDとパスワードによる認証などがある。 |
| 所有品による認証 | 本人だけが所有するものに記録されている情報によって識別する照合技術のこと。ICカードによる認証などがある。 |
| 生体情報による認証 | 本人の生体情報の特徴によって識別する照合技術のこと。指紋認証や静脈認証などがある。 |

3つの利用者認証の技術のうち、異なる複数の技術を使用して認証を行うことを「多要素認証」といい、複数の技術を使用することでセキュリティを強化できる。なお、異なる2つの技術を使用して認証を行うことを「2要素認証」という。

> **More**
>
> シングルサインオン
> 一度の認証で、許可されている複数のシステムを利用できる認証方法のこと。一度システムにログインすれば再び利用者IDとパスワードを入力することなく、許可されている複数のシステムを利用できる。利用者の使用する利用者IDとパスワードが少なくなるというメリットがある。

**Let's Try【103】**
多要素認証に該当する組合せとして、適切でないものはどれか。
ア 利用者IDとパスワードによる認証、ICカードによる認証
イ 利用者IDとパスワードによる認証、指紋認証
ウ 指紋認証、静脈認証
エ ICカードによる認証、指紋認証

ストラテジ系  マネジメント系  テクノロジ系

## 92 生体情報による認証

重要度 ★★★

> 生体情報による認証にはどのようなものがあるかを理解しましょう。

### ●生体認証（バイオメトリクス認証）

本人の固有の身体的特徴や行動的特徴を使って、正当な利用者であることを識別する照合技術のこと。身体的特徴や行動的特徴を使って本人を識別するため、安全性が高く、なおかつパスワードのように忘れないというメリットがある。あらかじめ指紋や静脈などの身体的特徴や、署名の字体などの行動的特徴を登録しておき、その登録情報と照合させることによって認証を行う。

「**身体的特徴**」を使った生体認証には、次のようなものがある。

| 生体認証 | 説明 |
| --- | --- |
| 指紋 | 手指にある紋様を照合する方法のこと。認証に使う装置が小型化され比較的安価であることから、ノート型PCやスマートフォンの認証にも応用されている。 |
| 静脈 | 静脈を流れる血が近赤外線光を吸収するという性質を利用して、静脈のパターンを照合する方法のこと。手指や手のひらの静脈を使って照合する。 |
| 顔 | 顔のパーツ（目や鼻など）を特徴点として抽出し、照合する方法のこと。利用者がカメラの前に立って認証する方法や、通路を歩行中に自動的に認証する方法があり、空港のチェックインや入退室管理、顧客管理に活用されている。 |
| 網膜 | 眼球の奥にある薄い膜（網膜）の中の、毛細血管の模様を照合する方法のこと。 |
| 虹彩 | 瞳孔の縮小・拡大を調整する環状の膜（虹彩）の模様を照合する方法のこと。 |
| 声紋 | 声の周波数の特徴などを使って照合する方法のこと。 |

「**行動的特徴**」を使った生体認証には、次のようなものがある。

▶署名の字体（筆跡）
▶署名時の書き順や筆圧、速度
▶キーストローク（キーの押し方）

技術要素（セキュリティ）

# 93 暗号技術の方式

重要度 ★★★

代表的な3つの暗号技術の方式について、それぞれの仕組みや特徴を理解し、その違いを区別できるようになりましょう。

## ●暗号技術

「暗号化」とは、平文（原文）を決まった規則に従って変換し、第三者が解読できないようにすること。解読できないようにした情報を再び平文に戻すことを「復号」という。このとき、暗号化するための「鍵」と、復号するための「鍵」が必要となる。

## ●共通鍵暗号方式

暗号化と復号で同じ鍵（共通鍵）を使用する暗号技術の方式のこと。鍵を第三者に知られてしまっては盗聴や改ざんを防ぐことはできないため、「共通鍵」は秘密裏に共有しなければならない。この方式の仕組みは、次のとおり。

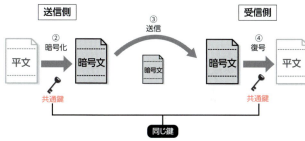

①送信側は共通鍵を生成し、受信側に共通鍵を送信しておく。
②送信側は共通鍵を使って平文（原文）を暗号化する。
③暗号文を送信側から受信側に送信する。
④受信側は共通鍵を使って暗号文を復号する。

この方式の特徴は、次のとおり。

> ▶暗号化と復号の速度が速い。
> ▶共通鍵の送信時に共通鍵が漏えいする危険性を伴う。
> ▶通信相手ごとに別々の共通鍵を用意する必要がある。

174

### ● 公開鍵暗号方式

暗号化と復号で異なる鍵（秘密鍵と公開鍵）を使用する暗号技術の方式のこと。「秘密鍵」は自分だけが持つもので第三者に公開してはならない。「公開鍵」は第三者に広く公開するため、「認証局」に登録して公開する。
この方式の仕組みは、次のとおり。

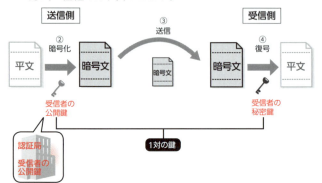

① 受信側は、秘密鍵と公開鍵を生成し、認証局に公開鍵を登録する。
② 送信側は、受信相手が認証局に登録している公開鍵を使って平文を暗号化する。
③ 暗号文だけを送信側から受信側に送信する。
④ 受信側は公開鍵と対になっている自分の秘密鍵を使って暗号文を復号する。

この方式の特徴は、次のとおり。

> ▶ 公開鍵を使うため、多数の送信相手と通信するのに適している。
> ▶ 鍵の管理が容易である。
> ▶ 暗号化と復号の速度が遅い。

**More**

#### 認証局
公開鍵暗号方式やディジタル署名などに使用される公開鍵の正当性を保証するための証明書を発行する機関のこと。「CA（Certificate Authority）」ともいう。

技術要素（セキュリティ）

● **ハイブリッド暗号方式**

共通鍵暗号方式と公開鍵暗号方式を組み合わせて使用する暗号技術の方式のこと。共通鍵暗号方式の暗号化と復号の速度が速いというメリットと、公開鍵暗号方式の鍵の管理が容易であるというメリットを組み合わせて、より実務的な方法で暗号化と復号ができる。この方式では、公開鍵暗号方式を利用して共通鍵を暗号化し、暗号化した共通鍵を受信者に送信する。互いに同じ共通鍵を持つことができたら、共通鍵暗号方式を利用して平文を暗号化したり、暗号文を復号したりできる。

この方式の仕組みは、次のとおり。

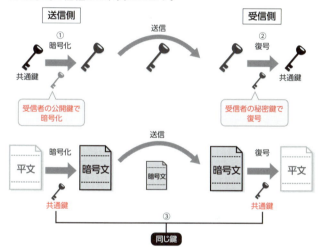

① 公開鍵暗号方式を利用して、送信側は、受信相手の公開鍵で共通鍵を暗号化し、受信側に送信する。
② 受信側は、暗号化された共通鍵を受信し、自分の秘密鍵を使って共通鍵を復号する。
③ 送信側と受信側で、互いが同じ共通鍵を持つことができる。
④ 共通鍵暗号方式を利用した通信ができるようになる。

この方式の特徴は、次のとおり。

> ▶ 共通鍵暗号方式を使うことで、暗号化と復号の速度が速い。
> ▶ 公開鍵暗号方式を使うことで、共通鍵を安全に送信できる。

ストラテジ系　マネジメント系　**テクノロジ系**

## More

### TPM
IoT機器やPCに保管されているデータを暗号化するためのセキュリティチップのこと。鍵ペア（公開鍵と秘密鍵）の生成、暗号処理、鍵の保管などを行う。データの暗号化に利用する鍵などの情報を保管することで、不正アクセスを防止できる。耐タンパ性を備えており、外部から「TPM」の内部の情報を取り出すことが困難な構造を持つ。ハードウェアの基盤部分などに取り付けられている。「Trusted Platform Module」の略。

### 耐タンパ性
外部からデータを読み取られることや解析されることに対する耐性（抵抗力）のこと。

## Let's Try【104】
AさんがBさんに、公開鍵暗号方式を利用して電子メールを送信した。この電子メールを復号するために必要な鍵はどれか。

ア Aさんの公開鍵　　　　イ Aさんの秘密鍵
ウ Bさんの公開鍵　　　　エ Bさんの秘密鍵

## Let's Try【105】
ハイブリッド暗号方式の説明として、適切なものはどれか。

ア 共通鍵の送信には、共通鍵暗号方式を利用する。
イ 共通鍵の送信には、公開鍵暗号方式を利用する。
ウ 暗号文の送信には、公開鍵暗号方式を利用する。
エ 共通鍵と暗号文の送信には、共通鍵暗号方式を利用する。

## Let's Try【106】
IoT機器やPCなどに搭載され、安全に鍵を保管することができるセキュリティチップのことを何というか。

ア GPU　　　　イ NAT　　　　ウ MDM　　　　エ TPM

技術要素（セキュリティ）

# 94 認証技術の仕組み

代表的な認証技術について、その仕組みと特徴を理解しましょう。

## ●認証技術
データの正当性を保証する技術のこと。本人が送信したことやデータが改ざんされていないことを証明することで、ネットワークを介した情報のやり取りの「完全性」を高める。

## ●ディジタル署名
電磁的記録（ディジタル文書）の正当性を証明するために付けられる情報のこと。日常生活において押印や署名によって文書の正当性を保証するのと同じ効力を持つ。公開鍵暗号方式とメッセージダイジェストを組み合わせることによって実現される。
この認証技術の仕組みは、次のとおり。

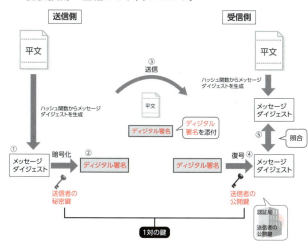

①送信側は、平文からメッセージダイジェストを生成する。
②送信側は、メッセージダイジェストを自分の秘密鍵を使って暗号化し、ディジタル署名を生成する。
③送信側は、平文とディジタル署名を受信側に送信する。

| ストラテジ系 | マネジメント系 | テクノロジ系 |

④受信側は、送信相手が認証局に登録している公開鍵を使って、受信したディジタル署名を復号する（送信側の送信前のメッセージダイジェストを取り出す）。

⑤受信側は、受信した平文からメッセージダイジェストを生成し、④で取り出した送信側の送信前のメッセージダイジェストと照合して、一致しているかどうかを確認する。

この認証技術の特徴は、次のとおり。

---

▶ 送信者の秘密鍵を使って暗号化することで、「送信者本人であること」を証明する。

▶ 送信後のメッセージダイジェストと送信前のメッセージダイジェストを比較することで、データが「改ざんされていないこと」を保証する。

---

**More**

**メッセージダイジェスト**

元の平文を要約した短いデータ（ハッシュ値）のこと。元の平文の要約にはハッシュ関数が使われる。メッセージダイジェストから元の平文を逆生成できない、元の平文が1文字でも変わればメッセージダイジェストも全く異なる値に変わるという特徴があり、送信前のメッセージダイジェストと、送信後のメッセージダイジェストを比較することで、データが改ざんされていないことを保証する。

---

**Let's Try【107】**

AさんがBさんに、文書ファイルを電子メールで送信した。このとき文書ファイルの改ざんを防止するため、文書ファイルにディジタル署名を付与した。Aさんがディジタル署名を生成するときに使用した鍵はどれか。

ア Aさんの公開鍵　　　　　　　イ Aさんの秘密鍵
ウ Bさんの公開鍵　　　　　　　エ Bさんの秘密鍵

---

● **タイムスタンプ**

"いつ"という時間を記録したタイムスタンプ（メッセージダイジェスト）によって、電磁的記録の作成時間を証明する方法のこと。「時刻認証」ともいう。

電磁的記録がその時間には確かに存在していたことや、その時間以降は改ざんされていないことを証明する。

# 6・7日目

索引と試験直前チェックシートの

使い方を記載しています。

ストラテジ系　マネジメント系　テクノロジ系

## 1 最終の仕上げ

試験で求められるIT知識について理解しているかどうかを確認し、最終の仕上げを行いましょう。理解できていない分野はどこか、覚えていない用語は何かを把握し、弱点を補強しましょう。
学習内容の理解度をチェックするためのツールとして、次の2つをご用意しています。

> ▶索引
> ▶試験直前チェックシート

## 2 索引

P.188「索引」で、各用語を理解しているかどうかをチェックできます。

各用語に ☐ が付いています。
用語の意味を覚えていたら、チェックを付けます。覚えていない用語については、該当ページを参照して再確認します。
すべての用語にチェックが付くまで、繰り返し学習しましょう。

# 3 試験直前チェックシート

試験直前チェックシートで、学習目標を確認し、各用語を理解しているかどうかをチェックできます。
FOM出版のホームページからダウンロードして、各自印刷してご利用ください。

| ストラテジ系 | マネジメント系 | テクノロジ系 |

## ❶学習目標

理解しておきたいポイントを一覧にしています。

各学習目標に□が付いています。学習目標を達成できたら、チェックを付けます。達成できない学習目標については、テキストの該当する学習項目を振り返って再確認します。

すべての学習目標にチェックが付くまで、繰り返し学習しましょう。

## ❷用語

覚えておきたい用語を一覧にしています。

各用語に□が付いています。用語の意味を覚えたら、チェックを付けます。覚えていない用語については、テキストの該当する学習項目を振り返って再確認します。

すべての用語にチェックが付くまで、繰り返し学習しましょう。

---

### ●ダウンロード方法

「試験直前チェックシート」をダウンロードする方法は、次のとおりです。

① ブラウザを起動し、FOM出版のホームページにアクセス

**ホームページ・アドレス**

> https://www.fom.fujitsu.com/goods/

**ホームページ検索用キーワード**

> FOM出版

②《ダウンロード》をクリック

③《資格》の《ITパスポート試験》をクリック

④《ITパスポート試験 直前対策 1週間完全プログラム シラバス Ver.4.1対応（FPT2004）》の《チェックシート》の《fpt2004.pdf》をクリック

※PDFファイルで提供しています。ファイルの表示・印刷にはAdobe Readerが必要です。

183

# Let's Try
# 解答

Let's Tryの解答を記載しています。

## Let's Try 解答

### ＜1日目＞

Let's Try [1] ▶ イ

Let's Try [2] ▶ エ

Let's Try [3] ▶ ウ

Let's Try [4] ▶ ウ

Let's Try [5] ▶ ウ

Let's Try [6] ▶ ウ

Let's Try [7] ▶ イ

Let's Try [8] ▶ イ

Let's Try [9] ▶ エ

Let's Try [10] ▶ エ

Let's Try [11] ▶ ア

Let's Try [12] ▶ エ

Let's Try [13] ▶ ウ

Let's Try [14] ▶ ウ

Let's Try [15] ▶ イ

Let's Try [16] ▶ ウ

### ＜2日目＞

Let's Try [17] ▶ ア

Let's Try [18] ▶ ウ

Let's Try [19] ▶ エ

Let's Try [20] ▶ ウ

Let's Try [21] ▶ エ

Let's Try [22] ▶ ウ

Let's Try [23] ▶ ウ

Let's Try [24] ▶ エ

Let's Try [25] ▶ ウ

Let's Try [26] ▶ ア

Let's Try [27] ▶ イ

Let's Try [28] ▶ ウ

Let's Try [29] ▶ イ

Let's Try [30] ▶ ウ

Let's Try [31] ▶ エ

Let's Try [32] ▶ ウ

Let's Try [33] ▶ イ

Let's Try [34] ▶ エ

Let's Try [35] ▶ エ

Let's Try [36] ▶ エ

Let's Try [37] ▶ ウ

Let's Try [38] ▶ ア

Let's Try [39] ▶ ア

| Let's Try [40] | ▶ ウ |
|---|---|
| Let's Try [41] | ▶ ア |
| Let's Try [42] | ▶ イ |
| Let's Try [43] | ▶ エ |

<3日目>

| Let's Try [44] | ▶ ウ |
|---|---|
| Let's Try [45] | ▶ イ |
| Let's Try [46] | ▶ エ |
| Let's Try [47] | ▶ エ |
| Let's Try [48] | ▶ エ |
| Let's Try [49] | ▶ エ |
| Let's Try [50] | ▶ エ |
| Let's Try [51] | ▶ イ |
| Let's Try [52] | ▶ ア |
| Let's Try [53] | ▶ イ |
| Let's Try [54] | ▶ エ |
| Let's Try [55] | ▶ エ |
| Let's Try [56] | ▶ イ |
| Let's Try [57] | ▶ ウ |
| Let's Try [58] | ▶ ア |

| Let's Try [59] | ▶ ウ |
|---|---|
| Let's Try [60] | ▶ ウ |
| Let's Try [61] | ▶ ア |

<4日目>

| Let's Try [62] | ▶ ア |
|---|---|
| Let's Try [63] | ▶ イ |
| Let's Try [64] | ▶ エ |
| Let's Try [65] | ▶ エ |
| Let's Try [66] | ▶ ア |
| Let's Try [67] | ▶ ア |
| Let's Try [68] | ▶ イ |
| Let's Try [69] | ▶ イ |
| Let's Try [70] | ▶ ウ |
| Let's Try [71] | ▶ エ |
| Let's Try [72] | ▶ ア |
| Let's Try [73] | ▶ エ |
| Let's Try [74] | ▶ ウ |
| Let's Try [75] | ▶ ウ |
| Let's Try [76] | ▶ ウ |
| Let's Try [77] | ▶ イ |

## Let's Try 解答

| Let's Try [78] ▶ エ | Let's Try [96] ▶ ウ |
| Let's Try [79] ▶ ウ | Let's Try [97] ▶ イ |
| Let's Try [80] ▶ ア | Let's Try [98] ▶ ウ |
| Let's Try [81] ▶ エ | Let's Try [99] ▶ イ |
| Let's Try [82] ▶ ア | Let's Try [100] ▶ ア |
| Let's Try [83] ▶ イ | Let's Try [101] ▶ ウ |
| Let's Try [84] ▶ ウ | Let's Try [102] ▶ イ |
| Let's Try [85] ▶ ウ | Let's Try [103] ▶ ウ |

### ＜5日目＞

| Let's Try [86] ▶ イ | Let's Try [104] ▶ エ |
| Let's Try [87] ▶ エ | Let's Try [105] ▶ イ |
| Let's Try [88] ▶ イ | Let's Try [106] ▶ エ |
| Let's Try [89] ▶ ア | Let's Try [107] ▶ イ |
| Let's Try [90] ▶ ウ |
| Let's Try [91] ▶ ウ |
| Let's Try [92] ▶ エ |
| Let's Try [93] ▶ ウ |
| Let's Try [94] ▶ ウ |
| Let's Try [95] ▶ イ |

# 索引

# Index

## 【記号】

- μ（マイクロ）　106

## 【数字】

- 10進数　101
- 16進数　101
- 1次キャッシュメモリ　113
- 2.4GHz帯　138
- 2.4GHz帯と5GHz帯の違い　138
- 2次キャッシュメモリ　113
- 2進数　101
- 2進数の加算　103
- 2進数の基数変換　102
- 2進数の計算　103
- 2進数の減算　103
- 2要素認証　172
- 32ビットCPU　111
- 3C分析　47
- 4K　130
- 4V　75
- 5G　141
- 5GHz帯　138
- 64ビットCPU　111
- 8K　130
- 8進数　101

## 【A】

- ABC分析　23
- Act　18
- AI　58
- AI（チャットボット）　97
- AIの活用例　60
- AND　104
- Android　127
- ANY接続拒否　168
- Apache HTTP Server　127
- Apache OpenOffice　127
- APIエコノミー　55
- API経済圏　55
- AR　130
- ASP　73
- ASPサービス　73

## 【B】

- BCC　146
- BCM　18
- BCP　18
- BD-R　114
- BD-RE　114
- BD-ROM　114
- Bluetooth　117
- Blu-ray Disc　114
- BOT　152
- BPM　69
- BPMN　68
- BPR　69
- B/S　30
- BSC　51
- BtoB　61
- BtoC　61
- BtoE　61
- BYOD　71

## 【C】

- CA　175
- CAD　57
- CAM　57
- CC　146
- CD　114
- CD-R　114
- CD-ROM　114
- CD-RW　114
- Check　18
- CMMI　89
- Communication　49
- Convenience　49
- Cost　49
- CPU　111
- CRM　52
- CSIRT　163
- CSR　17
- CSS　109
- CtoC　61
- Customer Value　49

# 索引

## 【D】

- DaaS ............... 73
- DBMS ............... 135
- DDoS攻撃 ............... 155
- DevOps ............... 88
- DFD ............... 68
- DMZ ............... 167
- DNS ............... 143
- DNSキャッシュポイズニング .. 155
- DNSサーバ ............... 143
- Do ............... 18
- DoS攻撃 ............... 155
- DRAM ............... 112
- DVD ............... 114
- DVD-R ............... 114
- DVD-RAM ............... 114
- DVD-ROM ............... 114
- DX ............... 74

## 【E】

- EC ............... 61
- EDI ............... 62
- E-mail ............... 70,144
- E-R図 ............... 67
- ESSID ............... 139
- ESSIDステルス ............... 168
- ETCシステム ............... 56

## 【F】

- f（フェムト） ............... 106
- FAQ ............... 97
- FIFO ............... 107
- FIFOリスト ............... 107
- FinTech ............... 63
- Firefox ............... 127
- FMS ............... 20
- FP法 ............... 85

## 【G】

- G（ギガ） ............... 106
- GPS ............... 56
- GPU ............... 111
- GtoC ............... 61

## 【H】

- HDD ............... 115
- HRM ............... 19
- HRTech ............... 19
- HRテック ............... 19
- HTML ............... 108
- HTML形式 ............... 145
- Hz ............... 111,139

## 【I】

- IaaS ............... 72
- IEEE802.11 ............... 137
- IEEE802.11a ............... 137
- IEEE802.11ac ............... 138
- IEEE802.11b ............... 137
- IEEE802.11g ............... 138
- IEEE802.11n ............... 138
- IMAP ............... 144
- IoT ............... 65
- IoT機器 ............... 66
- IoTシステム ............... 66
- IoTデバイス ............... 116
- IoTネットワーク ............... 140
- IPv6 ............... 142
- IPアドレス ............... 142
- IPスプーフィング ............... 156
- IrDA ............... 117
- ISMS ............... 162
- ISO ............... 43
- ISO 14000 ............... 43
- ISO 9000 ............... 43
- ISO/IEC 27000 ............... 43
- ITIL ............... 95
- IT化の推進 ............... 74
- ITガバナンス ............... 100

## 【J】

- JANコード ............... 42
- J-CRAT ............... 163
- JIS ............... 42
- JIS Q 14000 ............... 43
- JIS Q 27000 ............... 43
- JIS Q 9000 ............... 43

# Index

- JIT ……………………………… 20
- JPCERT/CC ……………………… 163

## 【K】

- k（キロ） ………………………… 106
- KGI ……………………………… 51
- KPI ……………………………… 51

## 【L】

- LibreOffice …………………… 127
- LIFO …………………………… 107
- LIFOリスト …………………… 107
- Linux …………………………… 127
- LOC法 …………………………… 85
- LPWA …………………………… 140

## 【M】

- M&A …………………………… 48
- m（ミリ） ……………………… 106
- M（メガ） ……………………… 106
- MACアドレスフィルタリング
  ………………………………… 168
- MDM …………………………… 169
- MIME …………………………… 144
- MITB攻撃 ……………………… 156
- MRP …………………………… 20
- MTBF …………………………… 120
- MTTR …………………………… 120
- MySQL ………………………… 127

## 【N】

- n（ナノ） ……………………… 106
- NAS …………………………… 123
- NAT …………………………… 142
- NDA …………………………… 40
- NFC …………………………… 117
- NoSQL ………………………… 136
- NOT …………………………… 104
- NTP …………………………… 143

## 【O】

- Off-JT ………………………… 19
- OJT …………………………… 19
- OR …………………………… 104

- OSS …………………………… 127
- OSSの種類 …………………… 127
- OSアップデート ……………… 166
- OtoO …………………………… 61

## 【P】

- p（ピコ） ……………………… 106
- P（ペタ） ……………………… 106
- PaaS …………………………… 72
- PDCA …………………………… 18
- P/L …………………………… 31
- Place …………………………… 49
- Plan …………………………… 18
- PMBOK ………………………… 91
- PMO …………………………… 90
- PoC …………………………… 73
- POP …………………………… 144
- PostgreSQL …………………… 127
- POSシステム ………………… 56
- PPM …………………………… 46
- Price …………………………… 49
- Product ……………………… 49
- Promotion …………………… 49

## 【Q】

- QRコード ……………………… 42

## 【R】

- RAID …………………………… 123
- RAID0 ………………………… 123
- RAID1 ………………………… 123
- RAID5 ………………………… 123
- RAM …………………………… 112
- RAT …………………………… 152
- RFI …………………………… 77
- RFID …………………………… 57
- RFM分析 ……………………… 50
- RFP …………………………… 77
- ROM …………………………… 112
- rootkit ………………………… 153
- RPA …………………………… 69
- RSS …………………………… 109
- RSSリーダ …………………… 109

# 索 引

## 【S】

- SaaS ································· 72
- SCM ································· 52
- SDGs ································ 55
- SDメモリカード ··············· 115
- SEO ································· 64
- SFA ································· 52
- SLA ································· 95
- SLCP ································ 89
- SLM ································· 95
- S/MIME ··························· 144
- SMTP ······························ 144
- SNS ································· 70
- SOA ································· 73
- Society 5.0 ····················· 66
- SPAM ······························ 153
- SPOC ······························ 97
- SQL ································· 133
- SQLインジェクション ··· 154,157
- SRAM ······························ 112
- SSD ································· 115
- SWOT分析 ························ 45

## 【T】

- T（テラ）·························· 106
- TCO ································· 122
- Thunderbird ···················· 127
- TO ································· 146
- TPM ································· 177

## 【U】

- UPS ································· 98
- USBメモリ ························ 115
- UX ································· 50

## 【V】

- VPN ································· 166
- VR ································· 130
- VRAM ······························ 113

## 【W】

- WBS ································· 92
- Webアクセシビリティ ········· 129
- Webメール ······················· 146

- WEP ································· 168
- Wi-Fi ······························ 137
- WPA ································· 168
- WPA2 ······························ 168

## 【X】

- XML ································· 109
- XOR ································· 104
- XP ································· 87

## 【あ】

- アーリーマジョリティ ········· 50
- アイティル ························ 95
- アウトバウンドマーケティング
  ································· 49
- アクセス管理 ····················· 135
- アクチュエータ ··················· 116
- アクティビティトラッカ ········ 128
- アクティブトラッカ ············· 128
- アジャイル ························ 86
- アジャイル開発 ··················· 86
- アジャイルソフトウェア開発 ···· 86
- アドホックモード ················· 138
- アプリケーションゲートウェイ
  ································· 166
- アライアンス ····················· 48
- 粗利 ································· 27
- 粗利益 ······························ 27
- アルゴリズム ····················· 35
- アローダイアグラム ············· 93
- アローダイアグラムの表記 ····· 94
- 暗号化 ······························ 174
- 暗号技術 ··························· 174
- 暗号技術の方式 ··················· 174
- 暗号資産 ····················· 63,169
- アンゾフの成長マトリクス ····· 47
- アンチパスバック ················· 171

## 【い】

- 意匠権 ······························ 34
- 意匠法 ······························ 34
- 移植性 ······························ 82
- 一般社団法人JPCERTコー
  ディネーションセンター ····· 163

192

# Index

- イテレーション·················· 86
- イテレータ····················· 86
- イノベーション················· 55
- イノベーションのジレンマ····· 55
- イノベータ····················· 50
- イノベータ理論················· 50
- インシデント管理··············· 96
- インターネット上のアクセスの
  仕組み······················· 143
- インタフェースのデザイン····· 129
- インバウンドマーケティング···· 49

## 【う】

- ウイルス······················ 151
- ウイルス作成罪················· 38
- ウェアラブル端末·············· 128
- ウォータフォールモデル········ 88
- 受入れテスト··················· 84
- 請負契約······················· 40
- 売上··························· 27
- 売上原価······················· 27
- 売上総利益····················· 27
- 売上総利益率··················· 28
- 売上高························· 27
- 運用管理······················ 135
- 運用コスト···················· 122
- 運用テスト·················· 79,84
- 運用・保守····················· 79

## 【え】

- 営業外収益····················· 28
- 営業外費用····················· 28
- 営業支援システム··············· 52
- 営業費························· 27
- 営業秘密の3要素··············· 34
- 営業利益······················· 27
- 営業利益率····················· 28
- 映像の規格···················· 130
- エクストリームプログラミング··· 87
- エスカレーション··············· 97
- エスクローサービス············· 62
- エッジコンピューティング····· 140
- 遠隔バックアップ·············· 171
- エンジニアリングシステム······ 57

## 【お】

- 応答時間······················ 119
- オープンイノベーション ······· 54
- オープンソースソフトウェア··· 127
- オピニオンリーダ··············· 50
- オフザジョブトレーニング ······ 19
- オプトアウトメール広告········· 64
- オプトインメール広告··········· 64
- オンザジョブトレーニング ······ 19
- オンプレミス··················· 73

## 【か】

- 回帰テスト····················· 84
- 概念実証······················· 73
- 開発··························· 79
- 外部環境······················· 45
- 外部キー··················· 131,132
- 回復機能······················ 135
- 外部設計······················· 81
- 顔（生体認証）················· 173
- 鍵···························· 174
- 学習と成長····················· 51
- 拡張現実······················ 130
- 仮想化························ 118
- 仮想通貨··················· 63,169
- 活動量計······················ 128
- 稼働率························ 120
- 金のなる木····················· 46
- 可用性························ 161
- カレントディレクトリ·········· 124
- 関係演算······················ 133
- 監査証拠······················· 99
- 監視カメラ···················· 171
- 完全性····················· 161,178
- ガントチャート················· 23
- かんばん方式··················· 20
- ガンブラー···················· 154
- 管理図························· 24

## 【き】

- キーロガー···················· 153
- 機会······················· 45,158
- 機械学習······················· 58
- 機械学習の分類················· 59

# 索 引

企業活動………………………… 17
企業間の連携・提携 ………… 48
企業統治 ………………………… 41
企業理念 ………………………… 17
技術戦略における考え方 …… 53
技術戦略の活動・手法 ……… 54
技術的脅威 …………… 151,165
技術的セキュリティ対策 …… 165
技術ロードマップ …………… 54
基数 …………………………… 101
基数変換 ……………………… 102
既存ソフトウェア解析 ……… 89
機能適合性 …………………… 82
機能要件 ……………………… 80
規模の経済 …………………… 48
基本方針 ……………………… 162
機密性 ………………………… 161
機密保持契約 ………………… 40
規約 …………………………… 35
逆総当たり攻撃 ……………… 154
キャッシュフロー計算書 …… 32
キャッシュポイズニング …… 155
キャッシュメモリ …………… 113
キャッシュレス決済 ………… 63
キュー ………………………… 107
脅威 …………………… 45,149
強化学習 ……………………… 59
供給連鎖管理 ………………… 52
教師あり学習 ………………… 59
教師なし学習 ………………… 59
共通鍵 ………………………… 174
共通鍵暗号方式 ……………… 174
共通フレーム ………………… 89
業務プロセス ………………… 51
業務プロセスの分析・改善 … 69
業務プロセスのモデリング手法
………………………………… 67
業務分析手法 ………………… 23
業務要件定義 ………………… 80
共有経済 ……………………… 70
記録媒体 ……………………… 114
近距離無線通信 ……………… 117

## 【く】

クアッドコアプロセッサ …… 111
組合せ ………………………… 105
クラウドコンピューティング … 72
グラフィックスメモリ ……… 113
クリアスクリーン …………… 171
クリアデスク ………………… 171
クリティカルパス …………… 93
グローバルIPアドレス……… 142
クロスサイトスクリプティング
………………………………… 154
クロック周波数 ……………… 111

## 【け】

経営管理 ……………………… 18
経営管理システム …………… 52
経営情報の分析手法 ………… 45
経営目標 ……………………… 17
経営理念 ……………………… 17
経常利益 ……………………… 28
経常利益率 …………………… 28
携帯情報端末 ………………… 128
刑法 …………………………… 38
結合 …………………………… 133
結合テスト …………… 79,83
結合・便乗 …………………… 26
検疫ネットワーク …………… 165
原価 …………………………… 27
検索エンジン最適化 ………… 64

## 【こ】

公益通報者保護法 …………… 41
公開鍵 ………………………… 175
公開鍵暗号方式 ……………… 175
広告 …………………………… 64
虹彩（生体認証）…………… 173
高信頼性の設計 ……………… 122
構成管理 ……………………… 96
行動的特徴（生体認証）…… 173
合弁会社 ……………………… 48
合弁企業 ……………………… 48
コーポレートガバナンス …… 41
顧客 …………………………… 51
顧客関係管理 ………………… 52

194

## Index

- 国際規格 ………………… 43
- 国際標準化機構 ………… 43
- 個人情報 ………………… 37
- 個人情報保護法 ………… 37
- 固定費 …………………… 27
- コネクテッドカー ……… 66
- コミット ………………… 136
- コミュニケーションの形式 …… 71
- コミュニケーションのツール … 70
- コモディティ化 ………… 48
- コンピュータウイルス … 151
- コンプライアンス ……… 41

### 【さ】

- サーバ仮想化 …………… 118
- サービス指向アーキテクチャ … 73
- サービスデスク ………… 97
- サービスマネジメント … 95
- サービスマネジメントシステム … 96
- サービスレベル管理 …… 95
- サービスレベル合意書 … 95
- 在庫 ……………………… 21
- 在庫の発注方式 ………… 21
- サイバー攻撃 ……… 36,151
- サイバー攻撃手法 ……… 151
- サイバー攻撃手法の種類 … 154
- サイバーセキュリティ … 36
- サイバーセキュリティ基本法 … 36
- サイバーセキュリティ経営
  ガイドライン ………… 38
- サイバーレスキュー隊 … 163
- 再編成 …………………… 135
- 財務 ……………………… 51
- 財務諸表 ………………… 30
- 裁量労働制 ……………… 40
- 作業分解構成図 ………… 92
- サニタイジング ………… 157
- サブスクリプション …… 35
- サブディレクトリ ……… 124
- サプライチェーン ……… 52
- サプライチェーンマネジメント … 52
- 差分バックアップ ……… 126
- 産業財産権 ……………… 34
- 散布図 …………………… 24

### 【し】

- シーサート ……………… 163
- シェアリングエコノミー … 70
- 自家発電装置 …………… 98
- 磁気ディスク …………… 115
- 事業継続管理 …………… 18
- 事業継続計画 …………… 18
- 時刻認証 ………………… 179
- 自己資本 ………………… 30
- 資材所要量計画 ………… 20
- 資産 ……………………… 30
- 市場開拓 ………………… 47
- 市場浸透 ………………… 47
- 辞書攻撃 ………………… 154
- システム開発の手順 …… 79
- システム監査 …………… 99
- システム監査人 ………… 99
- システム監査のプロセス … 99
- システム設計 ………… 79,81
- システムテスト ……… 79,84
- システムの信頼性 ……… 120
- システムの性能 ………… 119
- システムの性能の評価指標 … 119
- システムの利用形態 …… 118
- システム方式設計 ……… 81
- システム要件定義 ……… 80
- 持続可能な開発目標 …… 55
- 実施手順 ………………… 162
- 実証実験 ………………… 73
- 実用新案権 ……………… 34
- 実用新案法 ……………… 34
- 質より量 ………………… 26
- 自動料金収受システム … 56
- 死の谷 …………………… 53
- 指紋 (生体認証) ……… 173
- 射影 ……………………… 133
- ジャストインタイム …… 20
- 集合 ……………………… 104
- 自由奔放 ………………… 26
- 重要業績評価指標 ……… 51
- 重要目標達成指標 ……… 51
- 主キー ………………… 131,132
- 主記憶装置 ……………… 113
- 守秘義務契約 …………… 40

# 索 引

純資産……………………… 30
準天頂衛星………………… 56
ジョイントベンチャ……… 48
使用性……………………… 82
肖像権……………………… 33
商標権……………………… 34
商標法……………………… 34
情報格差…………………… 74
情報公開法………………… 41
情報資産…………………… 149
情報セキュリティ………… 149
情報セキュリティ委員会… 163
情報セキュリティ管理…… 162
情報セキュリティ組織・機関… 163
情報セキュリティの三大要素
……………………………… 161
情報セキュリティの要素… 161
情報セキュリティ方針…… 162
情報セキュリティポリシ… 162
情報セキュリティマネジメント
　システム………………… 162
情報提供依頼……………… 77
情報リテラシ……………… 74
情報量の単位……………… 106
静脈（生体認証）………… 173
初期コスト………………… 122
職場外訓練………………… 19
職場内訓練………………… 19
職務分掌…………………… 100
所有品による認証………… 172
ショルダーハック………… 150
シングルサインオン……… 172
人工知能…………………… 58
人工知能（チャットボット）… 97
真正性……………………… 161
新製品開発………………… 47
深層学習…………………… 58
身体的特徴（生体認証）… 173
人的脅威…………… 150,164
人的資源管理……………… 19
人的セキュリティ対策…… 164
侵入テスト………………… 84
信頼性……………… 82,161
親和図法…………………… 26

## 【す】

スクラム…………………… 87
スタイルシート…………… 109
スタック…………………… 107
スタブ……………………… 83
ステークホルダ…………… 17
ストライピング…………… 123
スパイウェア……………… 152
スパムメール……………… 153
スプリント………………… 87
スマートシティ…………… 66
スマートデバイス………… 128
スマートファクトリー…… 66
スマートフォン…………… 128
スマホ……………………… 128
スループット……………… 119

## 【せ】

成果物スコープ…………… 92
正規化……………………… 132
生産管理…………………… 20
脆弱性……………………… 149
生体情報による認証… 172,173
生体認証…………………… 173
成長マトリクス分析……… 47
正当化……………………… 158
性能効率性………………… 82
性能テスト………………… 84
正の相関…………………… 24
製品プロセスの障壁……… 53
声紋（生体認証）………… 173
責任追跡性………………… 161
セキュリティ関連法規…… 36
セキュリティケーブル…… 171
セキュリティバイデザイン… 164
セキュリティパッチ適用… 166
セキュリティホール……… 157
セキュリティワイヤ…… 98,171
施錠管理…………………… 171
絶対パス指定……………… 124
接頭語……………………… 106
ゼロデイ攻撃……………… 156
センサ……………………… 116
全体バックアップ………… 126

196

# Index

- 選択·····133
- 全地球測位システム·····56

## 【そ】

- 総当たり攻撃·····154
- 相互型(コミュニケーション)···71
- 総資本·····30
- 相対パス指定·····124
- 増分バックアップ·····126
- ソーシャルエンジニアリング··150
- ソースプログラム·····35
- ソサエティ5.0·····66
- 組織における内部不正防止
  ガイドライン·····164
- ソフトウェア開発モデル·····86
- ソフトウェア詳細設計·····81
- ソフトウェアと著作権·····35
- ソフトウェア方式設計·····81
- ソフトウェア保守·····85
- ソフトウェア見積方法·····85
- ソフトウェア要件定義·····81
- ソフトウェアライセンス·····35
- ソリューション·····72
- ソリューションの形態·····72
- 損益計算書·····31
- 損益分岐点売上高·····29
- ゾンビコンピュータ·····155

## 【た】

- ダーウィンの海·····53
- ターゲットマーケティング·····50
- ターゲティング·····50
- ターンアラウンドタイム·····119
- 第1正規化·····132
- 第2正規化·····132
- 第3正規化·····132
- 第5世代移動通信システム···141
- 退行テスト·····84
- 対策基準·····162
- 貸借対照表·····30
- 耐タンパ性·····177
- ダイバーシティ·····19
- タイムスタンプ·····179
- 多角化·····47

- 多数同時接続·····141
- タブレット端末·····128
- 多要素認証·····172
- タレントマネジメント·····19
- 単体テスト·····79,83

## 【ち】

- チェーンメール·····153
- 蓄積されたデータの活用·····75
- 知識による認証·····172
- 知的財産権·····33
- チャットボット·····97
- 中央演算処理装置·····111
- 超高速·····141
- 調達·····77
- 調達における依頼内容·····77
- 超低遅延·····141
- 直列システム·····121
- 直列システムの稼働率·····121
- 著作権·····33
- 著作権法·····33

## 【つ】

- 強み·····45

## 【て】

- 提案依頼書·····77
- ディープラーニング·····58
- ディープラーニングで与える
  データ·····59
- 定期発注方式·····22
- ディジタルサイネージ·····64
- ディジタル署名·····178
- ディジタルディバイド·····74
- ディジタルフォレンジックス···164
- 定量発注方式·····21
- ディレクトリ管理·····124
- データサイエンス·····76
- データサイエンティスト·····76
- データ操作·····133,135
- データの正規化·····132
- データベース·····131
- データベース管理システム·····135
- データベース定義·····135

# 索 引

データベースの設計 ……… 131
データマイニング ……… 75
テーブル同士の関連 ……… 131
テーブルの構成 ……… 131
テーブルのデータ操作 ……… 133
テキスト形式 ……… 145
テキストマイニング ……… 75
デザイン思考 ……… 54
デジタルトランス
　フォーメーション ……… 74
テスト ……… 79,83
テスト駆動開発 ……… 87
デバイスドライバ ……… 117
デュアルコアプロセッサ ……… 111
テレマティクス ……… 141
テレワーク ……… 71
電子商取引 ……… 61
電子商取引の分類 ……… 61
電子データ交換 ……… 62
電子メール ……… 70,144
電子メールで指定する宛先
　……… 146
電子メールで利用される
　プロトコル ……… 144
電子メールのメッセージ形式
　……… 145
伝送時間 ……… 147
伝送時間の計算 ……… 147
電波の周波数 ……… 139

## 【と】

動機 ……… 158
同時処理 ……… 135
導入・受入れ ……… 79
特性要因図 ……… 25
特徴量 ……… 58
特定個人情報 ……… 37
特定電子メール ……… 37
特定電子メール法 ……… 37
匿名加工情報 ……… 37
特許権 ……… 34
特許法 ……… 34
トップダウンテスト ……… 83
ドメイン名 ……… 143

ドライバ ……… 83,117
ドライブバイダウンロード ……… 154
トラックバック ……… 70
トランザクション ……… 136
トロイの木馬 ……… 152
ドローン ……… 66

## 【な】

内部環境 ……… 45
内部設計 ……… 81
内部統制 ……… 100
名前解決情報 ……… 155

## 【に】

ニッチ戦略 ……… 48
日本工業規格 ……… 42
入退室管理 ……… 171
ニューラルネットワーク ……… 58
認証技術 ……… 178
認証技術の仕組み ……… 178
認証局 ……… 175

## 【の】

納入リードタイム ……… 21
能力成熟度モデル統合 ……… 89

## 【は】

バーチャルリアリティ ……… 130
ハードディスク ……… 115
バイオメトリクス認証 ……… 173
排他制御 ……… 135,136
排他的論理和 ……… 104
バイト ……… 106
ハイブリッド暗号方式 ……… 176
バグ ……… 83
パケット ……… 166
パケットフィルタリング ……… 166
パス ……… 124
パスの指定方法 ……… 124
パスワードリスト攻撃 ……… 154
ハッカソン ……… 54
バックアップ ……… 126
バックアップの種類 ……… 126
バックドア ……… 153

198

# Index

- ☑ ハッシュ値 ……………… 170
- ☑ 発注点 …………………… 21
- ☑ バッファオーバフロー攻撃 … 155
- ☑ 花形 ……………………… 46
- ☑ パブリシティ権 ………… 33
- ☑ バランススコアカード …… 51
- ☑ パリティ付きストライピング … 123
- ☑ パレート図 ……………… 23
- ☑ 範囲の経済 ……………… 48
- ☑ 販売時点情報管理システム … 56
- ☑ 販売費及び一般管理費 …… 27

## 【ひ】

- ☑ 光ディスク ……………… 114
- ☑ 非機能要件 ……………… 80
- ☑ ビジネスシステム ……… 56
- ☑ ビジネス戦略と目標・評価 … 51
- ☑ ビジネスプロセス管理 …… 69
- ☑ ビジネスプロセス再構築 … 69
- ☑ ヒストグラム …………… 24
- ☑ ビッグデータ …………… 75
- ☑ ビット …………………… 106
- ☑ 否定 ……………………… 104
- ☑ 否認防止 ………………… 161
- ☑ 批判禁止 ………………… 26
- ☑ 非武装地帯 ……………… 167
- ☑ 秘密鍵 …………………… 175
- ☑ 秘密保持契約 …………… 40
- ☑ 費用 ……………………… 27
- ☑ 評価指標（システムの性能）… 119
- ☑ 標準化 …………………… 42
- ☑ 標的型攻撃 ……………… 157
- ☑ 品質特性 ………………… 82

## 【ふ】

- ☑ ファイアウォール ……… 166
- ☑ ファイル交換ソフトウェア … 153
- ☑ ファシリティマネジメント … 98
- ☑ ファンクションポイント法 … 85
- ☑ フィッシュボーンチャート … 25
- ☑ フィッシング …………… 156
- ☑ フィンテック …………… 63
- ☑ フールプルーフ ………… 122
- ☑ フェールセーフ ………… 122

- ☑ フェールソフト ………… 122
- ☑ フォールトトレラント …… 122
- ☑ フォローアップ ………… 99
- ☑ 負荷テスト ……………… 84
- ☑ 復号 ……………………… 174
- ☑ 負債 ……………………… 30
- ☑ 不正アクセス禁止法 …… 36
- ☑ 不正競争防止法 ………… 34
- ☑ 不正指令電磁的記録に
  関する罪 …………… 38
- ☑ 不正のトライアングル …… 158
- ☑ 不正のメカニズム ……… 158
- ☑ プッシュ型
  （コミュニケーション）…… 71
- ☑ 物理的脅威 …………… 150,171
- ☑ 物理的セキュリティ対策 … 171
- ☑ 負の相関 ………………… 24
- ☑ プライベートIPアドレス … 142
- ☑ プラグアンドプレイ …… 117
- ☑ プラクティス …………… 87
- ☑ ブラックボックステスト … 83
- ☑ フラッシュメモリ ……… 115
- ☑ フルHD ………………… 130
- ☑ ブルートフォース攻撃 … 154
- ☑ プル型（コミュニケーション）… 71
- ☑ フルハイビジョン ……… 130
- ☑ フルバックアップ ……… 126
- ☑ ブレーンストーミング …… 26
- ☑ フレキシブル生産システム … 20
- ☑ プロキシ ………………… 166
- ☑ プロキシサーバ ………… 166
- ☑ ブログ …………………… 70
- ☑ プログラミング ………… 79
- ☑ プログラムステップ法 …… 85
- ☑ プログラム設計 ………… 81
- ☑ プロジェクト …………… 90
- ☑ プロジェクト憲章 ……… 90
- ☑ プロジェクトコストマネジメント
  ………………………… 91
- ☑ プロジェクトコミュニケーション
  マネジメント …………… 91
- ☑ プロジェクト人的資源
  マネジメント …………… 91
- ☑ プロジェクトスコープ …… 92

199

# 索 引

- プロジェクトスコープ
  マネジメント……………… 91,92
- プロジェクトステークホルダ
  マネジメント…………… 91
- プロジェクトタイムマネジメント
  ……………………………… 91,93
- プロジェクト調達マネジメント … 91
- プロジェクト統合マネジメント … 91
- プロジェクト品質マネジメント … 91
- プロジェクトマネージャ……… 90
- プロジェクトマネジメント……… 90
- プロジェクトマネジメント
  オフィス……………… 90
- プロジェクトリスクマネジメント
  ……………………………… 91
- プロセッサ……………… 111
- ブロックチェーン…………… 169
- プロバイダ責任制限法………… 38
- 分散型DoS攻撃…………… 155

## 【へ】

- ペアプログラミング………… 87
- 平均故障間隔…………… 120
- 平均故障間動作時間……… 120
- 平均修復時間…………… 120
- 並列システム…………… 121
- 並列システムの稼働率……… 121
- ペネトレーションテスト……… 84
- ヘルプデスク…………… 97
- 変更管理……………… 96
- ベン図……………… 104
- ベンチマーキング…………… 46
- 変動費……………… 27

## 【ほ】

- 法令遵守……………… 41
- ポートスキャン…………… 155
- ポジショニング…………… 50
- 保守性……………… 82
- ボット……………… 152
- ボットネット…………… 155
- ボトムアップテスト………… 83
- ボトルネック…………… 119
- ホワイトボックステスト……… 83

## 【ま】

- マークアップ言語…………… 108
- マーケティング……………… 49
- マーケティング手法………… 49
- マーケティングミックス……… 49
- マクロウイルス…………… 152
- マクロ環境……………… 45
- 負け犬……………… 46
- 魔の川……………… 53
- マルウェア……………… 151
- マルウェア対策ソフト……… 165
- マルウェア定義ファイル……… 165
- マルウェアの検出情報……… 165
- マルウェアの種類………… 152
- マルチコアプロセッサ……… 111
- マルチメディア技術………… 130

## 【み】

- ミクロ環境……………… 45
- 水飲み場型攻撃…………… 156
- ミラーリング…………… 123

## 【む】

- 無線LAN……………… 137
- 無線LANのセキュリティ対策
  ……………………………… 168
- 無相関……………… 24
- 無停電電源装置…………… 98

## 【め】

- 命題……………… 104
- 迷惑メール……………… 153
- 迷惑メール防止法………… 37
- メインメモリ……………… 113
- メール爆弾……………… 155
- メッセージダイジェスト……… 179
- メモリ……………… 112
- メモリの種類…………… 112
- メモリの用途…………… 113

## 【も】

- 網膜（生体認証）…………… 173
- 持株会社……………… 48
- モニタリング…………… 100

200

# Index

- モノのインターネット……………65
- モバイル端末管理…………169
- 問題解決手法……………26
- 問題管理……………96
- 問題児……………46

## 【や】

- やり取り型攻撃……………156

## 【ゆ】

- ユニバーサルデザイン……………129

## 【よ】

- 要件定義……………79,80
- 要配慮個人情報……………37
- 弱み……………45

## 【ら】

- ライブマイグレーション……………118
- ラガード……………50
- ラッシュテスト……………84
- ランサムウェア……………152
- ランニングコスト……………122

## 【り】

- リーンスタートアップ……………54
- リーン生産方式……………20
- 利益……………27
- 利益率……………28
- リカバリ処理……………135
- リグレッションテスト……………84
- リスクアセスメント……………159
- リスク移転……………160
- リスク回避……………160
- リスク軽減……………160
- リスク受容……………160
- リスク対応……………159,160
- リスク低減……………160
- リスク転嫁……………160
- リスク特定……………159
- リスク評価……………159
- リスク分散……………160
- リスク分析……………159
- リスク保有……………160

- リスクマネジメント……………159
- リストへのデータの挿入・
  取出し……………107
- リバースエンジニアリング……89
- リバースブルートフォース攻撃
  ……………154
- リファクタリング……………87
- 流動比率……………32
- 利用者認証の技術……………172
- リリース管理……………96
- 倫理規定……………41

## 【る】

- 類推見積法……………85
- ルートキット……………153
- ルートディレクトリ……………124

## 【れ】

- レイトマジョリティ……………50
- レーダチャート……………24
- レコメンデーション……………64
- レスポンスタイム……………119
- レプリケーション……………118

## 【ろ】

- 労働関連法規……………39
- 労働者派遣契約……………39
- ロードマップ……………54
- ロールバック……………136
- ログ管理……………135
- ロック……………136
- ロングテール……………62
- 論理演算……………104
- 論理積……………104
- 論理和……………104

## 【わ】

- ワークフロー……………70
- ワーム……………152
- ワイヤレスインタフェース……117
- ワイルドカード……………134
- ワンクリック詐欺……………156

よくわかるマスター

# ITパスポート試験 直前対策
# 1週間完全プログラム
## シラバスVer.4.1対応
（FPT2004）

2020年 7 月23日　初版発行

**著作／制作：富士通エフ・オー・エム株式会社**

発行者：山下　秀二

発行所：FOM出版（富士通エフ・オー・エム株式会社）
　　　　〒105-6891 東京都港区海岸1-16-1 ニューピア竹芝サウスタワー
　　　　https://www.fujitsu.com/jp/fom/

印刷／製本：株式会社廣済堂

表紙デザインシステム：株式会社アイロン・ママ

● 本書は、構成・文章・プログラム・画像・データなどのすべてにおいて、著作権法上の保護を受けています。
　本書の一部あるいは全部について、いかなる方法においても複写・複製など、著作権法上で規定された権利を侵害する行為を行うことは禁じられています。
● 本書に関するご質問は、ホームページまたは郵便にてお寄せください。
　＜ホームページ＞
　上記ホームページ内の「FOM出版」から「QAサポート」にアクセスし、「QAフォームのご案内」から所定のフォームを選択して、必要事項をご記入の上、送信してください。
　＜郵便＞
　次の内容を明記の上、上記発行所の「FOM出版 テキストQAサポート」まで郵送してください。
　・テキスト名　　　・該当ページ　　　・質問内容(できるだけ詳しく操作状況をお書きください)
　・ご住所、お名前、電話番号
　　※ご住所、お名前、電話番号など、お知らせいただきました個人に関する情報は、お客様ご自身とのやり取りのみに使用させていただきます。ほかの目的のために使用することは一切ございません。
　なお、次の点に関しては、あらかじめご了承ください。
　・ご質問の内容によっては、回答に日数を要する場合があります。
　・本書の範囲を超えるご質問にはお答えできません。
　・電話やFAXによるご質問には一切応じておりません。
● 本製品に起因してご使用者に直接または間接的損害が生じても、富士通エフ・オー・エム株式会社はいかなる責任も負わないものとし、一切の賠償などは行わないものとします。
● 本書に記載された内容などは、予告なく変更される場合があります。
● 落丁・乱丁はお取り替えいたします。

© FUJITSU FOM LIMITED 2020
Printed in Japan

# FOM出版のシリーズラインアップ

## 定番の よくわかる シリーズ

「よくわかる」シリーズは、長年の研修事業で培ったスキルをベースに、ポイントを押さえたテキスト構成になっています。すぐに役立つ内容を、丁寧に、わかりやすく解説しているシリーズです。

## 資格試験の よくわかるマスター シリーズ

「よくわかるマスター」シリーズは、IT資格試験の合格を目的とした試験対策用教材です。

■MOS試験対策　　　　　　　■情報処理技術者試験対策

　　　　　　　　　　　　　　　　　　　　ITパスポート試験　　基本情報技術者試験

---

**FOM出版テキスト**
# 最新情報
のご案内

FOM出版では、お客様の利用シーンに合わせて、最適なテキストをご提供するために、様々なシリーズをご用意しています。

https://www.fom.fujitsu.com/goods/

---

# FAQ のご案内

テキストに関する
よくあるご質問

FOM出版テキストのお客様Q&A窓口に皆様から多く寄せられたご質問に回答を付けて掲載しています。

https://www.fom.fujitsu.com/goods/faq/